「環境・持続社会」研究センター（JACSES）［編］

カーボン・マーケットとCDM

築地書館

目次

第3章 CDMのプロジェクト地域とタイプの偏在 79

井筒紗美

第4章 ゴールド・スタンダードの有効性と課題 119

山岸尚之

序章

世界が低炭素社会に向かう道筋とは？

——ＣＤＭ、カーボン・マーケットの現状と課題——

古沢広祐

1 現状と見通し

世界のCO_2排出量は約二六七億トン（CO_2換算、二〇〇五年度）、二〇〇〇年度の二三〇億トンより約一六％増え、ＩＰＣＣ（気候変動に関する政府間パネル）の予想する最悪ケースを上回る勢いで増加した。京都議定書が定めた目標期間（二〇〇八～二〇一二年）に先進諸国（附属書Ｉ国）が一九九〇年比で全体として少なくとも五％削減する目標達成は、ＥＵ諸国の積極的取り組みやロシア・東欧諸国のホット・エアー（旧設備更新などによる大幅削減）を除いて困難な状況になりつつある。

京都議定書の枠組みは、大目標に向けてのとりあえずの第一ステップ（第一幕）であった。そして、その後の見通しとして二〇〇八年の洞爺湖サミットで確認された「二〇五〇年に世界全体で温室効果ガスを半減する目標」に関しては、どのような道筋を経由して低炭素社会に到達するのか、現状をみるかぎりその壁はあまりにも大きい（図1参照）。向かうべき目標を設定し、それに対応する有効な政策や枠組みをつくり出していくことこそが、気候変動のような超巨大かつ未知なる要素を含むリスクについては求められている。そのためには、短期的、中期的、長期的な視野の下に、有効な手だてや政策を効果的に実施していくことが必要である。

しかし、最初の第一ステップである京都議定書の目標達成は難航をきわめている。温暖化対策のためには、いわば世界経済の発展パラダイムの土台構造（エネルギー消費）の根本的な転換が求められてい

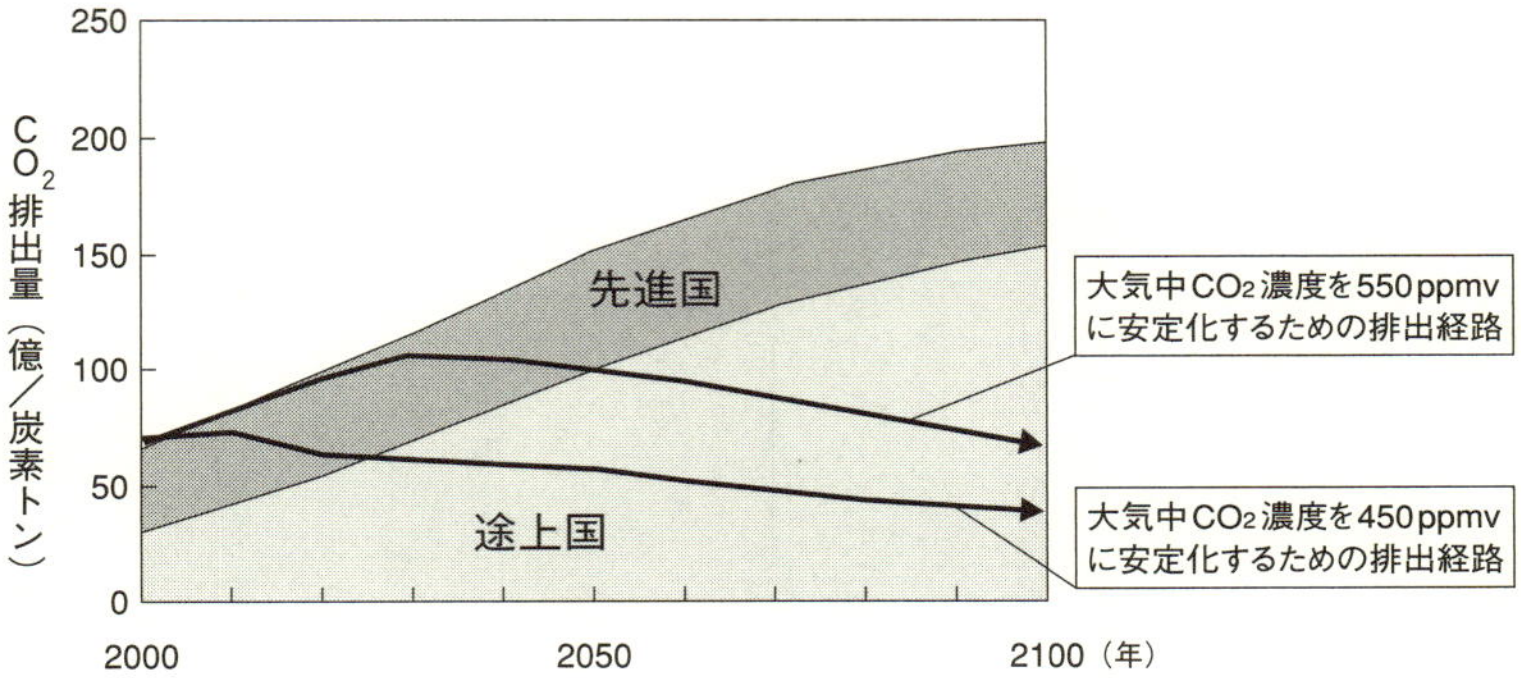

図1　今後の見通し

1990→→2008→→2012→→→2020→→→2050→→→→

（第一幕：京都議定書）・・・（第二幕）・・・（第三幕）・・・低炭素社会へ

出所：「ココが知りたい温暖化」国立環境研究所・地域環境研究センター

※CO_2 排出量の予測（IPCC SRES B2 シナリオに準拠）

るのであり、構造転換は当然のことながら多大な困難をともなう。とりあえずは先進諸国の温室効果ガス削減への取り組みに関して、不十分ながらも道筋がつけられた第一ステップ段階に入っていることは評価する必要があるだろう。引き続き、世界全体として削減を目指していくシナリオが描かれねばならないわけだが、そのための一つの手がかりが京都メカニズムとして組み入れられたことは注目したい（第1章参照）。

すなわち、排出量取引（ET）、共同実施（JI：Joint Implementation）、クリーン開発メカニズム（CDM：Clean Development Mechanism）といった手法が実施されることになったわけだが、それに関しては、当初から削減義務を免れるための抜け穴になるなどの厳しい批判が展開されてきた。実際の制度を機能させるためには、かなりの試行錯誤と制度改善の努力を経る必要があり、期待された効果をきちんと評価し、問題点を様々な角度から検証していかねばならない。現状は、まだまだ模索状況の域を越えるまでには至っておらず、多くの課題を抱えている状況のようにみうけられる。

巨視的に国際社会の現状をみるかぎり、昨今のサブプライム問題や金融派生商品にみる証券化バブルの崩壊現象、世界経済の大幅な落込み、貿易不均衡やタックス・ヘブン（税金逃れ）、国際的な経済犯罪、政治・経済的に不当な干渉などといった諸問題を抱えている現実を無視することはできない。それに対し、相互依存と共存共栄への枠組みづくりに向けて、それなりの対応や展開を模索する状況が一方では進んできている。地球温暖化問題をめぐる対応もまた、同じように多くの矛盾を抱えつつも解決に向けた様々な模索が続いている。

今日のグローバル社会においては、各国の経済は、自律的な展開とともに貿易、投資、外交など緊密な世界経済の網の目の中で活発な活動が繰り広げられている。その中で地球規模の課題である温室効果ガス削減は、とりわけ経済活動に密接に結びついたものであることから、上記の京都メカニズムのように経済的な手法の組み込みは、必然の流れとみることもできる。

しかしながら、今日の世界経済が直面している金融危機をみるごとく、制度や経済的な手法の持つ影響力の広がりや引き起こす正と負の効果については十分に注意する必要がある。制度や手法に振り回されない冷静な視点を持ちながら、プラス面、マイナス面を見極めてそれらを運用、制御していくことが求められるのである。

2 本書のねらい

本書は、京都メカニズムの中でも発展途上国との共同関係を組み込んだCDM（クリーン開発メカニズム、以下CDM）に着目して、その現状をおさえつつ、特に問題点や課題を明らかにするものである。

CDMの特徴は大きく二つある。すなわち、先進国側の削減枠の一部を途上国側の削減プロジェクト実施によって代替するとともに、途上国の持続可能な発展に寄与することである（第2章）。しかし一般的には、途上国側の削減分を先進国側が購入する行為としてのみ注目され、矮小化してとらえられる傾向が強い。もう一つの側面である、持続可能な発展への寄与についてはあまり重要視されてこなかったのである。CDMが持つ二つの側面に関して、冷静にみるかぎり大きな歪みが生じている（第3章）。

CDM自体は、京都議定書の定めた約束期間（二〇〇八～二〇一二年）を前提とした実施手法であり、その後どう引き継がれるのか、また新たな枠組みにどのように吸収・統合されるかは、現時点では定かでない。しかし、CDMという手法の根幹には、本来は「持続可能な発展」への寄与という途上諸国・先進諸国の枠を越えた地球社会における相互共存的な理念の反映があり、その理念は二〇一三年以降の新たな枠組み（第二幕）においても引き継がれていくことは間違いない。ただし、その際には「持続可能な発展」の中身を問う必要があるだろう（第2章）。

その意味では、現在進行中のCDMにどんな問題があり、何をどう改善すべきかを明らかにする作業

（第３・４・６章）は、次期枠組みをどう設計するかを考えるためには避けて通れない作業である。否、それ以上に、今後の展望に対して重要な示唆を多く得ることができると思われる（第１・４・６章）。ただし注意したい点は、現時点でのＣＤＭが扱う温室効果ガスの量そのものは、世界全体の中では極めて限られた部分でしかないことである。ＣＤＭによる削減効果に過度の期待をかけるわけにはいかない。

その一方で、ＣＤＭにとどまらないより大きな枠組みとして、カーボン（炭素）マーケットの動きがある。CO_2排出を取引の財にする、すなわち炭素に価格をつけて市場や相対取引において排出負荷を取引する動きが大きく展開しつつある（第５章）。本書で詳述されるように、ＣＤＭには国連のＣＤＭ理事会を中心とし、まがりなりにも審査、検証機関が機能して内容がそれなりに担保されている状況がある（問題プロジェクトも含まれる、第６章）。しかし、現在広がりつつあるカーボン・オフセット（排出の帳消し）の動向については、上手に制度設計を組み立てないと金融バブルと同じようなカーボン・バブルを引き起こしかねない事態が懸念される（第５・６章）。

現状でいえば、カーボン・マーケットにおいての炭素取引量総量（ポイントカーボン社推定）は、一六億トン（二〇〇六年）、二七億トン（二〇〇七年）、四二億トン（二〇〇八年予測）と急増している。二〇〇七年の取引量のうちの六二％（一六億トン）をＥＵ域内排出量取引制度（ＥＵ-ＥＴＳ：EU Emission Trading Scheme）が占め、ＣＤＭクレジット（ＣＥＲ：Certified Emission Reduction）は三五％を占めている。世界の炭素取引は、ＥＵ域内排出量取引制度とＣＤＭによって急拡大しているこ

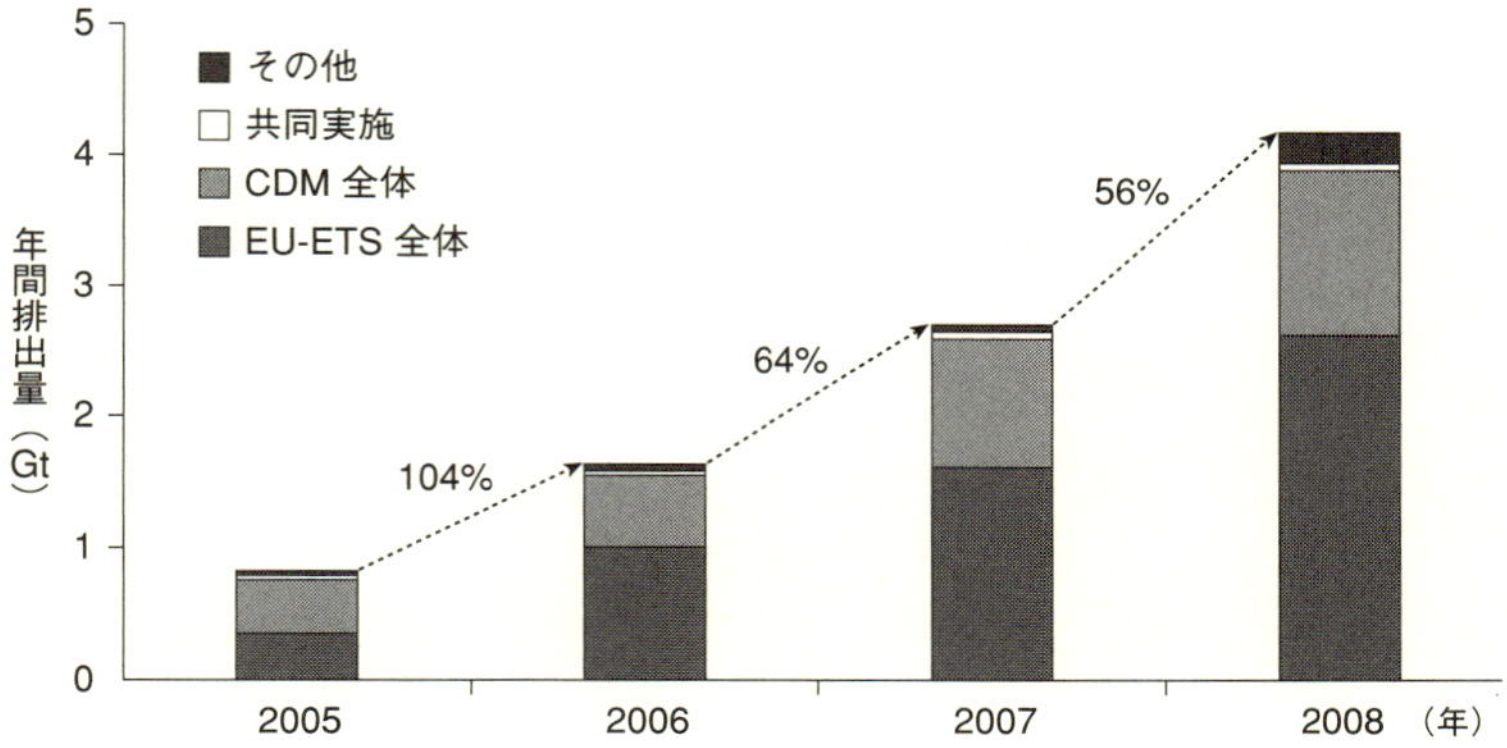

図2　世界の炭素市場動向（2005〜2008年、単位10億トン、CO_2換算）
出所：ポイントカーボン社「Carbon 2008」

とがわかる（図2、ポイントカーボン社 "Carbon 2008" より）。

ただし、この取引量には、将来の削減見込みを含んで売買されているものもあり、現在の排出総量との数字的な単純比較には注意する必要がある。先進諸国の排出量と途上国の排出量に対して、これら諸クレジットの取引量の増大がどのように作用していくのか。各国ベース、総量ベースで削減につながるのか、社会にどのような影響を与えるのかについて注意深く見定める必要がある。

こうしたマクロ的な視野とともに、本書で詳述するようなミクロ的な視野が重要である。なかでも問題プロジェクトの回避やクレジットの質の確保、取引内容の確認などについて、チェックする体制や問題を未然に防ぐための制度づくりが重要である。現在の状況は、いろいろな歪みや問題を抱えており、早急に制度の改善や手直しに着手すべきことを課題として提起したい（第6章）。

冒頭でふれた通り、現時点は第一段階にさしかかったいわばスタートラインに位置している。長期・中期・短期の流れでいえば、長編ストーリーの第一幕がスタートしたにすぎない。第一幕の中に、今後の展開の鍵となる要素が様々に進行しているわけだが、それが功を奏するものとなっていくのか、破綻と破局に導くものとなっていくのか、私たち自身が先を見抜いていく慧眼を求められている。ＣＤＭやカーボン・マーケットの動向に対して、いたずらに目前のブーム的な動きに流されることなく、冷静な目で事態を見定める必要がある（第５・６章）。第一幕から第二幕（二〇一三年以降）に向かう世界にとって、ＣＤＭやカーボン・マーケットが、今後どのような姿としてその身を飾り世界に躍り出ていくのか、私たち自身が舞台演出家であり衣装係であることは自覚していくべきであろう。

様々なアクターと諸政策が、今後次々と立ち現れ、それらを地に足のついた実効性のあるものとして、世界的に確立していくための苦難の道がまだまだ続くと思われる。第一幕から第二幕に向けて、より良き世界への架け橋に本書が多少なりとも貢献できることを願うものである。

3　本書の構成（簡単な内容紹介）

以下、本書の構成と内容について簡単に紹介しておこう。

第１章「クリーン開発メカニズムの現状と課題」では、全体状況について大きく俯瞰する。京都メカニズムをめぐる動向について、特にCDM導入時の政治的背景にふれるとともに、現在取引されているクレジットの質の違いや価格の違いについて、状況を総体的に把握する。さらに、CDMクレジット市場の現状やCDMと他の制度との関わりなどについても、将来的な動きを踏まえつつ多角的に論じていく。

第2章「CDMと持続可能な発展」では、「持続可能な発展」がCDMの仕組みの中でどのように扱われているかを中心に考察していく。現在の国際的枠組みでは、ホスト国（途上国）の持続可能な発展を支援することが、CDMの大きな目的の一つとして掲げられている。この持続可能な発展の取り扱いは、CDMプロセス全体においてはホスト国のとらえ方や承認に依存しており、大きな差異とともに課題を抱えている。

CDMに関するルールを定めている取り決め（京都議定書、マラケシュ合意など）を踏まえ、プロジェクト設計書（PDD）、有効化審査（Validation）に関するマニュアル、ホスト国・投資国の承認基準などを詳細にみていき、持続可能な発展に向けた現状と課題を明らかにする。

第3章「CDMのプロジェクト地域とタイプの偏在」では、具体的なプロジェクトの実施状況について、より詳しく検証していく。各種CDMプロジェクトが地域的偏りを持ち、またプロジェクトタイプにおいても大きな偏りを抱える状況を分析するとともに、その原因を考察する。さらに、CDMの偏在状況に対して、世界銀行や国連、日本政府の取り組みにふれながら、今後の課題を提示していく。

ＣＤＭ偏在の要因としては、主としてビジネスとしてのＣＤＭ開発が進んでいる状況がある。持続可能な発展や温暖化対策の面で重要であっても、森林プロジェクトなどはごくわずかしか動いていない。ＣＤＭ開発が進まない地域としてアフリカなどの国々があり、かつ地域密着型の小規模プロジェクトも進みにくい状況がある。関連した動きとして、自主的なクレジット（ＶＥＲ）市場でのプロジェクト開発があり、そうした偏在状況を補完する可能性があるが、残念ながらＣＤＭのような統一した国際ルールがないことなど様々な課題がある。

第4章「ゴールド・スタンダードの有効性と課題」では、現在の問題状況を克服すべく一歩踏み出したＮＧＯの取り組みについて紹介する。すなわち、質のよいＣＤＭプロジェクトの推進を目的とするゴールド・スタンダードが創設された背景や目的、具体的な仕組みや適用されたプロジェクト事例を紹介し、その成果・課題・展望について論じていく。

またＣＤＭとともに展開しているカーボン・マーケットにおいても、持続可能性の価値を評価するゴールド・スタンダードの役割は注目されており、一層の普及拡大が期待されている。ただし、現状はゴールド・スタンダードのような質の高いプロジェクト事例はごく少数にすぎない。残念ながら、問題プロジェクトの排除や悪影響を防ぐまでの影響力は持ちえていない状況である。しかし今後、ＣＤＭの仕組みの改革もしくは別の制度を構築するにあたって、こうした取り組みは多くの示唆を与えるものと考えられる。

第5章「カーボン・オフセット」では、CDMクレジットの動向と密接に関連して展開しているカーボン・オフセットについて、取り組み事例、使用クレジット、制度整備状況、プロバイダー動向、課題などについてみていく。

現在、カーボン・オフセットにCERが利用されるケースが増加しており、オフセットの信頼確保のためにもCDMの信頼性の向上が重要となっている。また、オフセットに国内VER（自主的クレジット）の利用も増加しており、これは一面では国内対策強化に貢献できる可能性を持つ。これはCDMのように国外に資金や技術が流出しないメリットがある反面、質の悪いクレジットの市場供給増も懸念される。こうした状況を受けて、CDMのみならずカーボン・マーケットの信頼性や質を確保するための制度構築が、今後ますます重要性を増すだろう。

第6章「CDM、カーボン・マーケットの適正化」では、問題を指摘されているCDMプロジェクト事例を取り上げ、その背景を分析し、防止するための対策について考察する。また、国内排出量取引や自主行動計画などの動きとの関連においても、CDMの質的向上の重要性について言及する。さらに、カーボン・マーケット、国内政策、国際枠組みに関わる今後の課題について問題提起を行う。

特に発展途上国の持続可能な発展に寄与しない悪質なCDMプロジェクトにCERが発行されれば、

ＣＤＭという制度自体の本質が問われることになる。そればかりか、これに連動する他の制度（国内排出量取引・自主行動計画・カーボン・オフセットなど）の信頼性までも大きく揺らいでしまう。こうした負の連鎖を生じさせないためにも、問題ＣＤＭプロジェクトを防止するための制度の整備が急務である。

以上のような構成で、低炭素社会を地球規模で実現するための政策手段として、ＣＤＭを具体的事例としてとりあげ、多角的な視点から問題提起を行うことが本書の趣旨である。

詳しい内容は本編にゆずるが、ここでは今後に向けて、とりわけＣＤＭの質的向上と悪質なＣＤＭを防止するためのシステム改革の要点について、簡潔にまとめることで序章の締めとしたい。

第一に、ＣＤＭの活用が広がる中で、投資国（先進国）側のチェック体制の整備とともに、途上国の現地住民の情報アクセス・参加・権利を保障する外部チェック体制の構築をいそぐ必要がある。そのためには、特に途上国のＮＧＯ・住民と連携する日本や先進国のＮＧＯのＣＤＭモニタリング体制の構築が、重要な役割を果たすと考えられる。

第二に、日本政府・企業の役割として、ＣＤＭクレジットの主要購入者であることを自覚した上で、ＣＤＭの質的向上と悪質なＣＤＭを防止する制度構築を積極的にリードしていくべきである。こうしたシステム構築にコミットしていくことによって、国内のみならず国際的な信頼を高めることができる。

第三に、途上国は経済成長過程で温室効果ガス排出を抑えることは容易ではなく、日本の技術協力は必要不可欠であり重要な役割を果たす。その際、技術開発者が不利にならない配慮と制度を考慮しつつ、日本は世界に先駆けて国際協力・国際貢献していく仕組みとそのモデルをつくり出していく必要がある。

第四に、多様なクレジットが供給され急拡大するカーボン・マーケットに対して、どのようにそれをコントロールしていくか、CDMでの事例や経験を踏まえて早急に制度的枠組みをつくる必要がある。その際、問題あるクレジット供給の拡大は、サブプライム問題にみるように、マーケットの信頼を損ね、混乱・機能不全に至る事態が懸念される。CDMと密接に関係するカーボン・オフセットや排出量取引などについて、国内や世界で市場が拡大していく状況を的確に把握し、カーボン・マーケットの全体像をつかみ、適正に管理・規制していく制度を日本は世界に呼びかけて構築していくべきである。

第五に、ただちに取り組むべき課題として、次のようなCDMの質を向上させる対策の取り組みを期待したい。

まず、投資国側の企業や関係機関に対して、CDMの質的向上に対する理解を深めていく。並行して、チェック体制強化や継続的なNGOによるモニタリング体制の構築を促進させていく。また、情報を広く公開して問題の在処を明確化する手段として、例えば英語版ウェブサイトを国際機関などと連携して充実させ、国際ネットワークを強化することで、異議や申し立てを受けとめる体制をつくり出す。問題が指摘されたCDMプロジェクトに関して、速やかに現地調査する仕組みや研究者・調査機関の協力体制を準備していく。さらに、改善のための提案や情報収集を強化するとともに、CDMの質を担保するために、地域レベル、国レベル、国際レベルで緊密な支援体制やネットワークシステムの構築を目指す。

以上、本書では各章において、より詳細に具体的な事例や内容が紹介され、それらに対する考察を踏まえた興味深い問題提起や各種提案が行われている。

本書の内容は、目次立てをみての通りだが、各章はあくまで担当した執筆者の個人的な主張をベースとしたものである。それぞれの立場や視点から独自の見解が提起されており、必ずしも統一見解に基づいて展開されているものではない点はご理解いただきたい。

来るべき将来の低炭素社会がどのように実現可能なのか、あくまでもＣＤＭとカーボン・マーケットは一つの素材であり具体的なたたき台である。本書で明らかにしている数多くの問題や課題について、今後どのように日本そして世界が取り組んでいくのか、読者とともに解決の道を探っていきたい。

第1章

クリーン開発メカニズムの現状と課題

明日香壽川

京都議定書第一約束期間（二〇〇八〜二〇一二年）に突入した。日本は、政府も企業も、国内削減のみでの京都議定書目標達成が困難な状況にあり、いわば発展途上国での温室効果ガス排出削減分をお金で買う仕組みであるクリーン開発メカニズム（CDM）などに大きく依存しつつある。

CDMは、京都議定書を批准している発展途上国（正確には、非附属書I国）で温室効果ガス削減プロジェクトを実施し、当該プロジェクトを実施しなかった場合に比べて削減された温室効果ガスを、技術移転・投資・クレジット購入代金などと引き換えに、クレジットとして先進国（附属書I国）が取得できる制度である。CDMプロジェクトを実施して創出されるクレジットは、CERと呼ばれ、京都議定書の締約国だけではなく、締約国からプロジェクトの参加の承認を得た民間団体または公的機関も、CDMプロジェクトの実施やCERの購入ができる。

現在、CDMに関しては多くの課題や批判があり、特に、CDM実施によって発生するクレジットの質と量をめぐっては様々な議論がある。したがって本章では、総論としてCDMの現状と課題をなるべく多角的に紹介したい。そのために、まず第1節で、京都メカニズム導入の政治経済的背景について確認する。第2節では、クレジットの価格と質との関係について説明する。第3節では、CDMの現状として、市場における需給関係、クレジット価格、影響力のあるプレーヤーなどを概観する。第4節では、CDMに対する批判的論点や改革案の妥当性を検討する。第5節では、CDMと他の制度、特に政府開発援助（ODA）や日本における国内排出量取引制度との関係について述べる。最後に第6節で、CDMという側面から温暖化対策国際枠組みの将来について展望する。

1　京都メカニズム導入の政治的背景

ここでは、温暖化対策の国際枠組みの中の一要素として京都メカニズムが導入された経緯について述べる。

一九九七年の気候変動枠組条約第3回締約国会議（COP3）で採択された京都議定書では、国際協力による温室効果ガス（GHG）の排出削減対策のメカニズム（京都メカニズム）として、1．主にOECD諸国とロシア中東欧諸国間の国際協力の下での温室効果ガスの排出削減プロジェクトによって生じた排出削減量の取引：共同実施（JI：Joint Implementation）、2．主にOECD諸国と発展途上国間の国際協力の下での温室効果ガスの排出削減プロジェクトによって生じた排出削減量の取引：クリーン開発メカニズム（CDM）、3．国際排出量取引（IET：International Emission Trading）、の三つが導入された（取引単位名称は、それぞれERU：Emission Reduction Units、CER：Certified Emission Reduction、AAU：Assigned Amount Units）。

これによって、JIやCDMの場合、技術および資金移転がともなう他国で生じた温室効果ガスの排出削減量を自国の排出枠（AAU）から差し引くことが可能となった。すなわち、例えば中国での温室効果ガス排出削減プロジェクトから発生した排出削減量を、クレジットという形で日本あるいは日本企業が買うことによって、自らの排出削減量を少なくすることができる。一方、IETの場合、各国の登録簿にあるＡＡＵの一部を移転するだけで、瞬時に自国のＡＡＵの大きさを調節できる。

この京都メカニズムの最も大きな目的は、１．グローバルな温暖化対策コストの最小化、２．ＪＩやＣＤＭによるロシア中東欧諸国や途上国での持続的発展への貢献、の二つとされる。

排出量取引制度の歴史的経緯をみると、大気汚染物質に関して、米国での二酸化硫黄（SO_2）取引など、すでに世界の多くの国や地域で構築されている。また、ガソリンに含まれる鉛の削減や漁獲量のコントロールに関しても排出あるいは漁獲する権利を取引する制度が採用されている。すなわち、排出量取引制度は、別に目新しい制度ではない。

しかし、京都メカニズムのように、国際社会全体で取引制度が創設されたのは初めてであり、温室効果ガスが実質的に貨幣価値（クレジット）を持ち、排出量や排出削減努力が、直接的に企業のバランスシートや損益に影響するようになったことはまさに画期的である。

このような京都メカニズムがＣＯＰ３で導入された背景には、米国の強い政治的な思惑があった。まずＣＤＭに関しては、「先進国の責任逃れ」「途上国が削減義務を負うことになった際に安い削減プロジェクトがなくなってしまう」などの理由で途上国やＮＧＯが反対していた。だが、最終的には、途上国に対して新たな義務を負わせないということと引き替えに、米国は途上国にＣＤＭ導入を認めさせた。

また、ＣＯＰ３でロシアが甘い排出削減数値目標を獲得できた理由は、米国の議定書目標遵守コスト削減と、余剰ＡＡＵ購入による実質的な対ロシア政府経済援助の二つがあったとされる。すなわち、京都メカニズムは米国が創造したともいいうる。しかし、その米国が、化石燃料業界を支持基盤とするブッシュ政権になったとたんに京都議定書から脱退し、当初は京都メカニズムに対して多少懐疑的であったEUや日本が、現在、自らの京都議定書目標遵守のために京都メカニズムに大幅に頼らざるをえない状況になっている。まさにこれは、歴史の皮肉としかいいようがない。

ＪＩやＣＤＭが“easy way-out”（安易な逃げ口）であるという批判は今でもあり、確かに「対策コスト低減ツールの一つ」というのが多くの国や企業における「本音」である。しかし、このようなメカニズムが導入されたことによって、多くの国や企業は、大きな削減目標にコミットする可能性が高まった。その意味では京都メカニズムに対して一定の評価はなされるべきだと考えられる。

2　京都メカニズムをめぐる動き
——クレジットの質の違いと価格の違いを中心として

京都会議で導入された京都メカニズムは、基本的には、これまで価格がゼロであったカーボン（炭素）にクレジットとして価格をつける制度である。ここでは、このような価格付け制度の現状、特にクレジットの質と価格との関係について考えてみたい。

クレジットの質に関しては、「どのような金でも金は金である（A gold is a gold is a gold）がＧＨＧクレジットにも当てはまるのか？」というのが根本的な問いであり、結論を先にいうと、これからの制度設計によるものの、少なくとも短期的には答えはＮｏである。京都議定書および二〇〇一年のマラケシュ合意で規定されたクレジットは、AAU、CER、ERUなど複数の種類があり、制度もプレーヤーも異なった複数の市場が並立して存在している。実際に、各国（地域）政府の方針や選好が異なるため、一つの市場で通用するクレジットでも、他の市場では通用するとは限らない（通用しない場合の方が多い）。また、実際のプロジェクトに関わる人やモノは多種多様であり、プロジェクトに付随するリスクとリターンも様々である。例えば、温室効果ガス排出削減以外の効果、すなわち大気汚染物質（例：SO_2）の排出削減や雇用増加などの副次的な効果（コベネフィット）の大きさも、プロジェクトによって大きく異なる（マイナス効果の場合もある）。したがって、GHGクレジットの種類によって品質あるいは価値が異なる、あるいは異なるべきと考えている買い手と売り手が少なからず存在する。

また、取引されているGHGクレジットが先渡しなのか、それとも現物なのかでも、リスクの大きさが全く異なるために価格も異なる。

さらに、GHGクレジット市場は複数存在し、制度の違いという理由によっても価格は複数存在している。実際に、AAU、CER、ERUはそれぞれ異なる価格で取引されており、英国、EU、シカゴなどの異なった市場におけるGHGクレジットの価格は大きな差異がある。オランダ政府によって行われたGHGクレジットの国際競争入札では、技術の種類によって政府買い上げ価格が明確に差異化されており（再生可能エネルギープロジェクトからのクレジットの買い上げ価格が最も高い）、まだ具体的なルールが決まっていない二〇一三年以降（京都議定書第二約束期間）に発生するCERの市場価値が非常に安いのも、現時点における市場の認識の結果である。その上、クレジット間の交換可能性（fungibility）

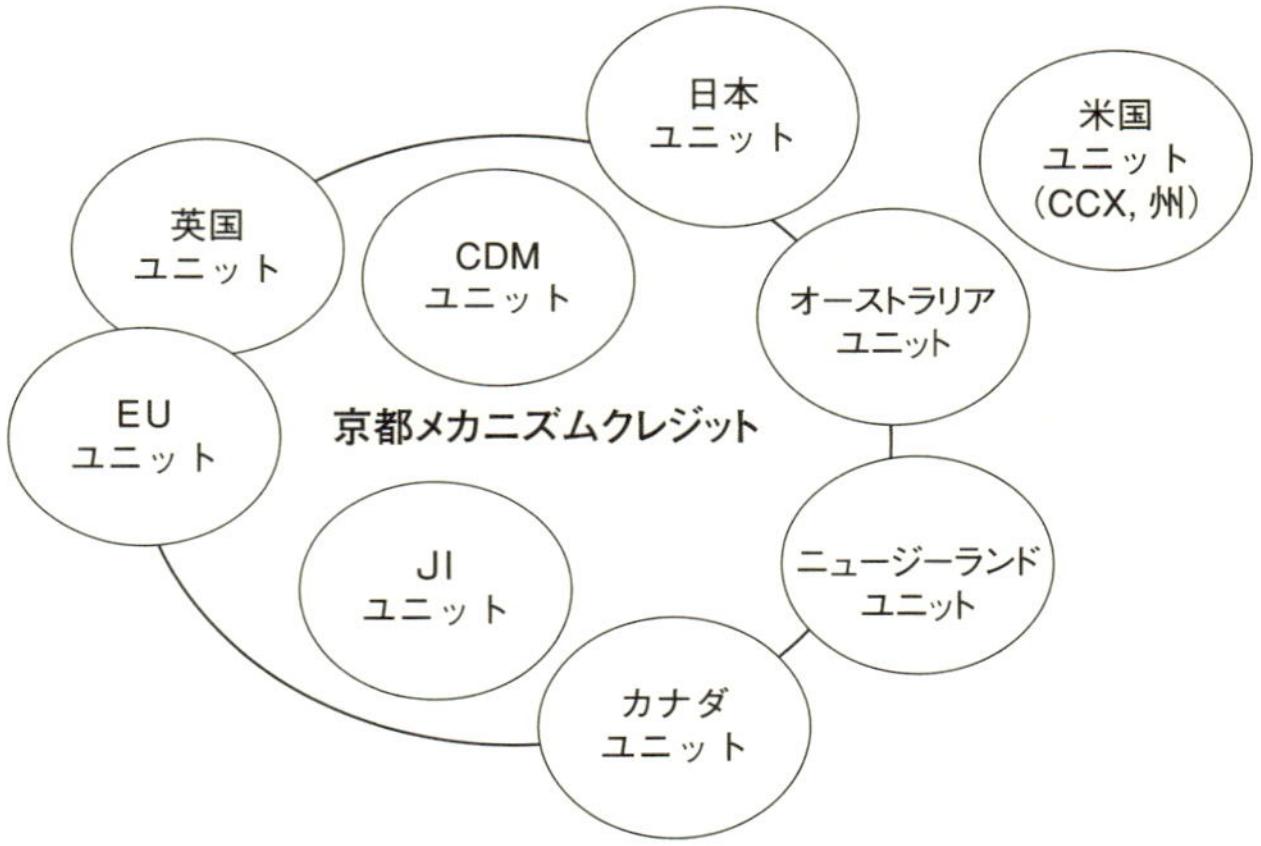

図1　様々なGHGクレジットの相互関係（供給元の地域や制度で分けた場合）

注：CCXはシカゴ取引市場。米国は京都議定書から離脱したため、米国内での排出削減プロジェクトから発生したクレジットは京都メカニズムクレジットとはみなされない。また、英国は、EU域内排出量取引制度が始まる前に、自国内での国内排出量取引制度を導入している

出所：Vrolijk, Christiaan (2003) “Private sector demand for CDM projects”, paper prepared for ADB and IETA, 7 October 2003, p.5の図を明日香が改変

はあるとされているものの、必ずしも一対一で交換されるとも限らない（実際にEUでは、CER流入制限策の一つとして異なる交換比率が検討された）。そして、例えば、もし仮に二〇一三年以降の京都議定書第二約束期間で具体的な排出削減数値目標が導入されないといった状況になった場合、日本企業がすでに所有しているクレジットは、二〇一三年以降も継続すると自ら宣言しているEU域内排出量取引制度（EU-ETS）で通用する種類のクレジットでなければ、紙くず同然となる可能性が高い。

図1は、供給元の地域や制度からみた場合の三つの京都メカニズムクレジットとそれ以外のクレジット（制度）

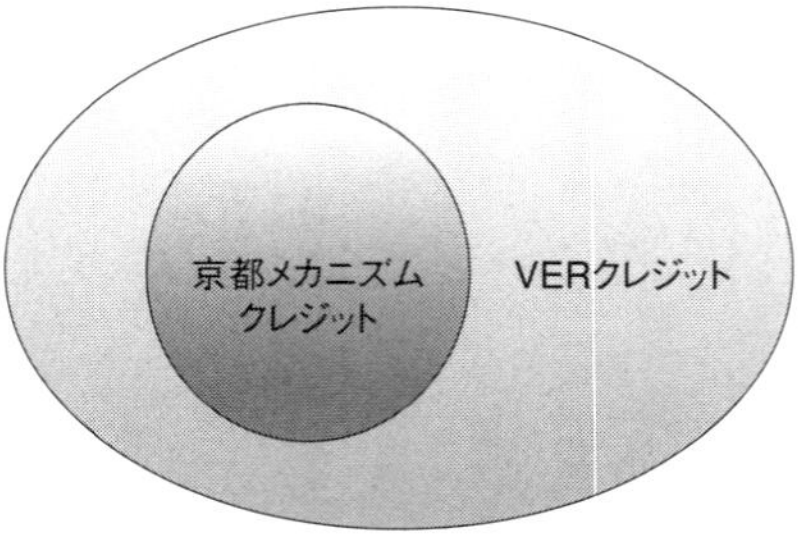

図2　様々なGHGクレジットの相互関係（需要元のニーズで分けた場合）

注：VER（verified emission reduction）は、一定の認証を受けているものの、京都議定書の目標達成に使えないようなクレジットも含む。後述するカーボン・オフセットのように、個人や企業がクレジットを購入する場合、京都メカニズムクレジットではないVERの場合が多い（VERに関しては、第5章参照）

出所：明日香作成

との関係、図2は、需要元のニーズからみた場合の京都メカニズムクレジットとそれ以外のクレジットとの関係をそれぞれ示したものである。

このように、現在、複数の市場や制度が並立して存在しており、「GHGクレジット動物園」ともいえる様相を呈している。そして、前述のように、実際にクレジットの互換性や通用性（汎用性）は大きく異なる。例えば、EU域内排出量取引市場に参加する企業は、ERUを市場から購入して自らの義務順守に活用できるものの、EU委員会が定めたルールによって、例えば、ロシア政府からAAUを買って充足することはできない。

しかし、異なった目的と選好を持った市場参加者（政府、企業、国際機関、NGO、個人、ブローカー、トレーダー）と制度が存在しているかぎり、市場が分断されて差異化されているのは自然なことであり、逆に、全く異なる制度の市場が、何らかの規制もないままに連結（リンク）する方がより問題だともいえる。なぜならば、市場では常に「悪貨が良貨を駆逐する」という問題が発生する可能性があり、（人や国によって定義は異なるものの）「悪貨」を市場に導入したくない場合、市場を閉じるしかないからである。例えば、典型的な悪貨として、後述する追加性のないプロジェクトから発生したクレジットがある。これは、基本的に製造コストがゼロの商品であるため、少なくとも、いくばくかのコストがかかっている他の商品を市場から駆逐すると考えられる。

◉コラム1

現在のクレジット価格は一体全体どこから来たのか？

例えば、京都メカニズムが動き出した二〇〇一年頃の世銀プロトタイプ・カーボン・ファンド（ＰＣＦ：世界銀行が始めた組織で、発展途上国でプロジェクトを開発して、そこでのクレジットを各先進国に売却することを仕事とした）の提示価格である約3-5 US$/t-$CO_2$が、どのような背景で決定されたかは定かではない。

筆者（明日香）は、世銀がＰＣＦを始める前の一九九七年頃に世銀ＧＥＦ関係者にＰＣＦの予定提示価格をインタビューしたところ、「価格は確定していないものの、中東欧でのＡＩＪプロジェクトの経験から約5 US$/t-$CO_2$という数字が、ＧＨＧ排出削減プロジェクトの削減コストとして世銀ではほぼ常識になっている」という回答を受けた。

また、以前から世銀は、地球温暖化の被害コスト、すなわちカーボン・シャドウ・プライスを20 US$/t-Cと見積もってＧＥＦなどによる融資プロジェクトの収益性の再評価を行っている。

しかし、これらは、方法論が統一されていない状況でのインクリメンタル・コスト（温暖化対策実施のために必要な追加的なコストアップ分）や被害コストを計算したものであり、割引率（将来の価値を現在の価値に直す際に用いる換算率）などによって価格もかなり変化するのであくまでも参考価格にしかなりえないはずである。

一方、二〇〇三年にオランダ政府によるクレジット買い上げ制度であるERUPTの第一回目の提示価格18-36 US$/t-C（5-10 US$/t-CO_2）の起源に関して、関係者に対して筆者がインタビューしたところ、「世銀ＰＣＦの価格を参考にしたのではなく、オランダ国内の排出削減コストと考えられていた20 US$/t-$CO_2$の半分以下なら損はしないだろうということでエイヤッと決めた」というコメントが返ってきた（ＥＲＵＰＴの買い上げ価格を検討する段階では、まだ世銀ＰＣＦのプロジェクトはラトビアの一件ぐらいしかなかったそうである。ただし、オランダの研究機関ＥＣＮによる既存の様々なＧＨＧ削減プロジェクトのコスト情報を整理した研究があり、それでは、約10 US$/t-$CO_2$までの価格帯のプロジェクトだけで1.7 Gt-$CO_2$の排出削減ポテンシャルを途上国は持つとしていた）。

さらに、二〇〇三年一二月に世銀ＰＣＦ関係者に世銀ＰＣＦの提示価格の起源を再び確認したところ、「世銀としてはもっと値段を高くしたかったけれど、世銀ＰＣＦの出資者が5 US$/t-$CO_2$ 以上は払わないと言い張ったからしぶしぶ（!）5 US$/t-$CO_2$にした」ということであった。

取引市場における初期価格が持つ経済学的な意味（無意味）に関する議論はとりあえず置いておく。いずれにしろ、これらから少なくとも、オランダ政府あるいは世銀が価格設定者 (price setter) であり、現在の市場価格の起源となった価格はかなりいい加減に決まったような感想を筆者（明日香）は持っている。

3 CDMクレジット市場の現状

ここでは、クレジットの需給、価格、具体的な売り手と買い手などの観点からCDMの現状を紹介する。

クレジット需給

本格的に案件開発や国連登録が始まる前の二〇〇六年頃までは、京都クレジット全体では供給が需要を上回るものの、CDMからのCER供給量が需要量に対してかなり小さくなる、というのが一般的な見方であった。しかし、二〇〇七年になってCDM案件登録数が大幅に増加し、米国とカナダが買い手から抜けたこともあってCERの供給も、当初想定されていたほど少ないものではないのでは、という認識が広まりつつある（カナダは、現在のハーパー政権になってから実質的な京都議定書目標遵守放棄を宣言した）。

現在（二〇〇九年二月）、すでに約一四〇〇件以上のCDM案件が国連の審査を合格して登録されており、二〇一二年までに発行予想量は十四・五億t－CO_2を超えるとされる。さらに、登録が確実な潜在的案件数もクレジット発行量も約二倍以上あるとされている。

図3は、二〇〇七年一二月インドネシアのCOP13において日本の経済産業省が、買い手としての足

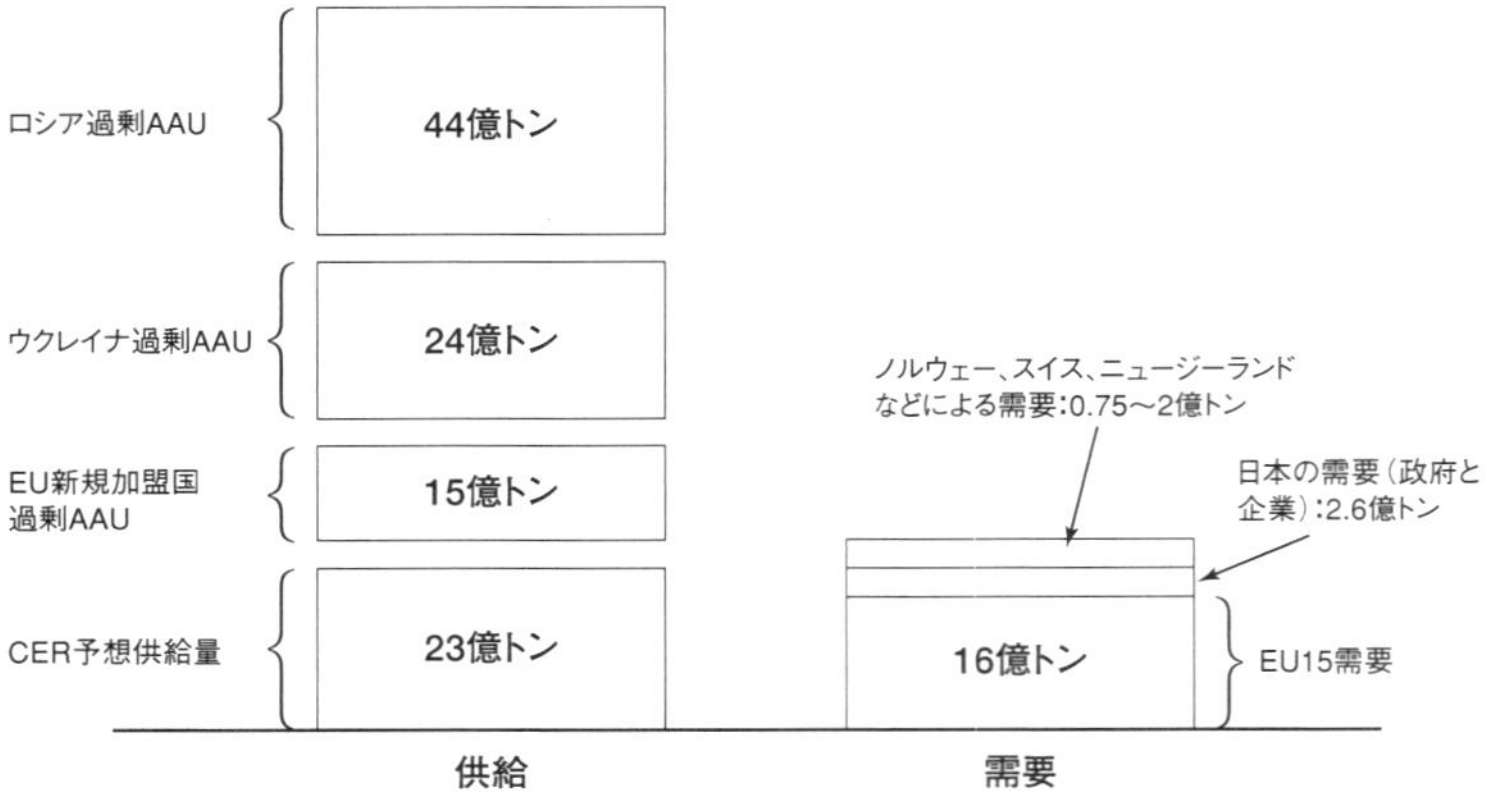

図3　京都クレジットの需給関係の予測

筆者補足：CER予想供給量が需要総量に近い数字だとしても、CERが市場にすぐに出回るとは限らない。また、カナダ、米国からの需要も、後述する個人や企業の自主的なカーボン・オフセット用のクレジットとして多少はある。さらに、供給側が、実質的なカルテルを形成して、価格をつり上げようとすることも考えられる

出所：Ministry of Economy, Trade and Industry, Government of Japan "Supply and Demand of Kyoto Mechanism", Dec. 2007.

元をみられないようにするという意図で会場に配布した資料であり、ロシアや中東欧諸国からのクレジットを考えると、全体的にクレジット需給がかなりゆるめになることを示している。ただし、二〇〇八年になってCDM理事会の審査が厳しくなったことも影響してCER供給量が落ちているのも事実である。また、クレジット価格に対しては、景気などの経済条件の変化が大きく影響する。したがって、京都議定書第一約束期間が終わる二〇一二年あるいは二〇一三年における最終的な需給関係に関する予測は非常に難しい。

価格

CDMプロジェクトが登録されるよう

になった二〇〇五年時点では、CERは4-8 US$/t-$CO_2$程度で取引される一方で、EU-ETS（EU域内排出量取引制度）で取引されるクレジットであるEU割当量（EUA）は20 US$/t-$CO_2$以上の値をつけていた。その後、この乖離は小さくなりつつある。市場関係者によると、一時、リスクフリーのCERクレジットの価格は10〜15 US$/t-$CO_2$程度で取引された。

最近の価格変更の動向だが、供給量の拡大に従って二〇〇八年に入ってから多少価格が下がり気味になったものの、前述のように二〇〇八年後半になるとCDM理事会の審査が厳しくなったこともあって、一時的に上昇した。しかし、その後の金融危機によって価格は低下している。大きなCER供給増加因子としては、1．政策／製品／セクトラルCDM（後述）の承認、2．交通CDM（例：交通システム改善プロジェクト）の承認などがあり、京都議定書で甘い削減目標が課されたためにAAUの余剰分を多く抱え込むロシアおよび中東欧諸国から何らかの形でAAUが市場に出ればCER価格はさらに大きく値崩れする可能性もある（図3参照）。すなわち、前述のように需給の見通しが難しいため、価格の見通しも簡単ではない。なお、価格の乱高下や高騰を防ぐ方法として、価格の上限（プライス・キャップ）あるいは下限（プライス・フロア）を設けるアイデアがある。しかし、これに対しては、市場を歪めて削減効果をそぐという理由で反対する意見も少なくない。

プロジェクトの種類

ＣＤＭプロジェクトが登録されるようになった二〇〇五年頃には、フロン破壊やメタン回収などの総投資コストが小さくて削減量が大きなプロジェクトが多かった。しかし、そのようなうまみのあるプロジェクトが一通り開拓され尽くした現在では、再生可能エネルギーや省エネ案件が増えている。また、二〇〇七年後半から、小型水力ダム案件が急増している。一方、植林や森林管理などの、いわゆる吸源プロジェクトは、方法論が確立されていないなどの理由によって案件数は非常に少ない（第3章参照）。ただし、トウモロコシやサトウキビなどのバイオマスを燃料とする案件は増えており、食料生産との競合回避が課題となっている。

プレミアム市場

脱炭素社会や発展途上国の持続可能な発展への貢献など、プロジェクトの種類やクレジットが持つ「質」にこだわるべきという考えは根強くあり、高価格・高品質のプレミアム商品も市場に出始めている。例えば、環境ＮＧＯであるＷＷＦ（世界自然保護基金）は、ゴールド・スタンダードという独自のクレジット評価の基準を設定しており、まだ全体に対する割合は小さいものの、実際にゴールド・スタンダードの「お墨付き」をもらったクレジットを市場価格よりも高値で購入する買い手は増加しつつある（ゴールド・スタンダードに関しては第4章参照）。

影響力のあるプレーヤー

中国・インド

ＣＥＲの供給元としては、中国とインドが「覇権」を争っている。特に中国の場合、フロン案件によって、合計では数百億円のＣＥＲ売却益を企業と政府の両方が得た（ＣＤＭはChina Development Mechanismだという揶揄もある）。また、どちらの国も、ユニテラルＣＤＭと呼ばれる途上国内の技術移転のみ、あるいは先進国がクレジットの最終的な買い手としてのみ関わるようなＣＤＭプロジェクトの割合が増えている。

ロシア・ウクライナ・中東欧諸国

前述のように、ロシア・ウクライナ・中東欧諸国には、結果的に、非常に甘い京都議定書数値目標が課せられた。すなわち、排出枠（ＡＡＵ）の余剰分を国家間の排出量取引で他国に売却することができる。この余剰分ＡＡＵはホット・エアー（Ｈｏｔ Ａｉｒ：英語でニセモノという意味）という名前がついて批判の的となっており、積極的な買い手はまだいない。このような状況の下、ＪＩ案件は多少出てきたものの、ＪＩおよび排出量取引（ＩＥＴ）の制度づくりに関して不透明な状況が続いている。しかし、ＣＥＲの供給量が予想以上に大きい現在、「約束期間が終わる二〇一二年まで取引を引き延ばして最後に買い手の足元をみながら高値で売る」という戦略を転換する可能性がある。すなわち、あまりにも「棚ぼた利益」であるという批判が多い単純なホット・エアーの取引ではなく、GIS（Green Investment Scheme：AAU取引の際に、ホスト国での温暖化対策への投資をホスト国政府に義務づける仕組み）という形にして早めに売りさばく戦略への転換である。買い手である日本政府も、現在、ハンガリー、ルーマニア、ウクライナなどとGISの交渉を積極的に進めている。

EU

EUは域内で排出量取引市場をすでに構築しており、排出量総量上限（キャップ）を持つ企業と政府の両方がJI／CDMのクレジットを世界中から購入している。ただし、国内での削減を優先するために、各国政府がJIあるいはCDMから購入できる量に上限（二〇〇八年から二〇一二年の期間において、ドイツ、オランダでは配分された排出枠の一二％、英国は八％）をかけており需要量には限りがある。EUは、二〇一二年以降のEU-ETSにおけるCDMの役割にも一定の歯止め（国際合意がない場合には新規CDMプロジェクトを原則として認めない）をかけているが、それは途上国に対してCDMという「甘いアメ」をたくさん渡すことへの批判をかわす意味合いもある。しかし、1．結果的にEU全体での目標達成コストが増加する、2．使い勝手がよい自らのAAUを温存するインセンティブとなってしまうなどが懸念されている。したがって、今後、EUがCDMに対する方針を変えることも予想される。

日本

日本は、義務的な国内排出量取引制度がないため、企業が海外から積極的にクレジット(CERなど)を買うインセンティブがEU企業に比べて小さかった。しかし、二〇〇七年から政府による買い入れも始まり、二〇〇八年一〇月からは、排出量取引制度の試行も始まった。一部の経団連企業の自主行動計画目標達成が困難になっており、国内での温室効果ガス排出削減プロジェクトからのクレジット(国内クレジット)の供給も多少は予想されるものの、最終的には、政府も企業(特に鉄鋼会社と電力会社)も海外クレジットの買い手になると予想される(二〇〇八年においては、海外クレジットの買い手としては英国に次いで二番目)。最終的には、産業界の購入量は二億~三億トン規模に達する見込みであり、これらは目標未達分として政府に無償で提供される。

ただし、現在、市場が懸念しているのは日本発のクレジット暴落シナリオ、すなわち、日本政府や日本企業が、前述したようなホット・エアーと呼ばれるAAUなどを安値で購入し、持っている大量のCERを市場に放出するというようなシナリオである(クレジットのフィルタリングと呼ばれる)。一般的に、日本においても国際社会全体においても、ホット・エアーに対するアレルギーはまだ強い。しかし、今後このようなシナリオが発生する確率は、少なくともゼロではないと思われる。

4　ＣＤＭの課題

以下では、これまで様々なＣＤＭ改革案でとりあげられている主な論点を検討する。なお、「持続可能な発展」との関係については第2章で別に論じる。

承認プロセス

クレジットの承認／発行プロセスの複雑さや時間の長さに対しては批判が集中している。また、ＣＤＭ理事会のメンバーの出身国からのＣＤＭは登録されやすい、というＣＤＭ理事会のメンバー構成に関する批判も出ている。キャパシティ不足の問題に関しては、ＣＤＭ理事会や方法論委員会の人数を増やすなどの提案がなされているが、そもそものような人材が世界に十分に存在するのかも問題である。実際には、ベースライン方法論の統合がどれだけ進むかなどがプロセスの迅速化にとって非常に重要である。ただし、安易な簡素化は制度自体の信認性を損なう可能性もあるため、制度改革には慎重な対応がある程度は必要だと思われる。

プロジェクトの種類およびホスト国の分布

クレジットの種類やホスト国の偏りに対する批判は多い。実際に、フロン、メタン、そして亜酸化窒素（NO_2）などのCO_2以外のクレジットが量的には圧倒的に多く、アフリカなどでのＣＤＭプロジェクトの数は非常に少ない。しかし、京都メカニズムはあくまでも「市場メカニズム」であるため、このような批判は的外れだといえなくもない。なぜならば、削減機会が多く、投資環境が整っていて、コスト競争力の強いものが市場を席巻するのは、ある意味では必然であるからである。したがって、アフリカなどに対しては、別の資金・技術移転の仕組みが必要だと思われる。ただし、現在、ＥＵは独自にアフリカなどの低開発国からのクレジットを優遇する措置を検討している。このように、気候変動枠組条約の枠組みとは別に買い手が独自の仕組みをつくるのは十分に考えられる（第3章参照）。

追加性の証明

ＣＤＭという制度がなくても実施されたようなプロジェクトをＣＤＭとして認めてしまうことは追加性問題と呼ばれ、ＣＤＭにおける最大の問題といっても過言ではない。ＣＤＭ理事会で登録申請が却下されたプロジェクトの七割以上は、この追加性の証明が不十分であったものであり、二〇〇八年になってから却下数は大幅に増加している。追加性基準を緩和した場合、市場に有価で売却可能という意味で経済的価値を持つ非追加的ＣＥＲが発生し、1．地球全体での温室効果ガスの排出量増加、2．追加的なＣＥＲの取引による国際社会全体の社会的余剰の減少、3．追加的なＣＤＭプロジェクトの駆逐、の三つの問題点が生じる。市場に「偽札」にも相当する非追加的クレジットを流通させることは、短期的には発展途上国（売り手）と先進国（買い手）の両方に経済的な利益を与えるものの、供給しすぎると

◉コラム2
非追加的プロジェクトの具体例——明日香新幹線プロジェクト

追加性の重要性を説明するのは難しい。ここでは、次のような例を考えてみたい。仙台に住む私が、会議などに参加する際に新幹線を使って東京に来る、というプロジェクトを計画したとする。排出削減量の計算は、新幹線で来た場合と、飛行機で東京へ来た場合（ベースライン・シナリオ：プロジェクトがなかった場合に実現したと想定される状況）の排出量の差から求める。果たして、私が無事に東京に現れた場合、私のプロジェクトはクレジットがもらえるだろうか？　いうまでもなく、答えはノーである。なぜなら、実際には、現在の私の場合、新幹線で東京に来ること自体がベースライン・シナリオそのものであるからである（新幹線の運賃が高くなって不便になったらベースライン・シナリオにならなくなる可能性はある）。すなわち、ベースライン・シナリオであるのに、そうではないという主張を信じて（貨幣価値を持つ）クレジットを発生させてしまうことは、一種の詐欺にひっかかるようなものなのである。

貨幣全体の価値が下がるため、長期的には途上国全体が損をする（先進国は変わらずに利益を得る）。
これまで登録されたプロジェクトの約半数が非追加的なものと批判する研究者もおり、この追加性問題はプロジェクト・ベースの仕組みが持つ宿命的なものだともいえる（第4章参照）。

プログラムCDM／セクトラルCDM／政策CDM

これらは、特定の事業所や工場などにおける個別のCDMプロジェクトではなく、特定セクター全体の省エネ対策（セクトラルCDM）や省エネ製品（例：省電力型の電球など）の流通政策など広い地域での温暖化対策（プログラムCDMあるいは政策CDM）などによる削減分に対してクレジットを与えるものである（それぞれに関する確立した定義はまだなく、同じ意味で異なる言葉が使われている場合もある）。さらに、セクターno lose目標と呼ばれる途上国の特定セクター全体が、罰則のない（no lose：失うものがないという意味）排出削減目標（絶対量あるいは原単位）を持つようなコミットメントの仕方も提案されている（この場合は、プロジェクト・ベースではなくなるので、個別プロジェクトの追加性判断は不要になる）。

図4の矢印は、現在の個別のプロジェクトを中心とした仕組みを、このような様々なCDMの発展型によりスケール・アップさせる方向を示している。

このような種類の新たなスキームが提案された背景には、1. 供給量を増やす、2. 発生するクレジットの一トン当たりの取引コストを削減する、3. 個別にチェックしていた追加性チェックを個別プロジェクトからセクター全体にする、地球全体では排出量が減らない仕組みであるCDMから発展途上国を卒業させるなどがあり、どちらかといえば買い手側のインセンティブが理由となっている。

しかし、いずれも、1. クレジットの供給量を拡大しすぎる可能性がある、2. 追加性の判断が難しい、3. モニタリングが困難、などの課題を持っており、方法論委員会やCDM理事会がどのような判断を行っていくかが注目される。

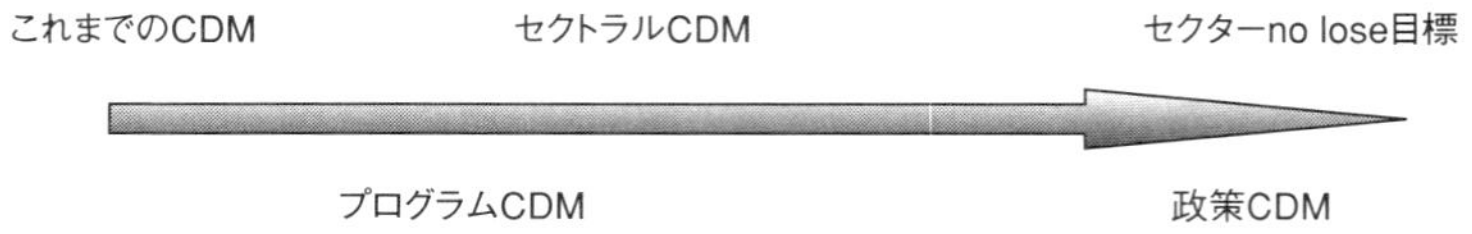

図4　CDMスケール・アップのイメージ

CER需要の拡大

CDMの批判あるいは課題の背景にあるのが、多くの場合、供給量を拡大したいという思惑であって、それは買い手の経済的な利益がベースになっているといえる。しかし、逆に売り手としては、需要量が変わらないままでの供給量の拡大は価格の低下により不利益を被るだけである。したがって、需要を増やす、すなわち先進国により厳しい排出削減目標を課すことを売り手である途上国は常に要求している。そのような背景の下、CERの新たな供給先（需要元）として、近年、カーボン・オフセットが注目されている。これは、米国や英国で始まったもので、個人が自らの排出量（カーボン・フット・プリント）を相殺する仕組みである（例：出張の際の航空機使用のオフセット）。日本でも日本郵便による年賀はがきなど、カーボン・オフセット付きの商品などが販売されるようになってきている。また、最近では、信託銀行が信託の仕組みを利用して、CERクレジットを小口販売するようなビジネスも始まっている。しかし、市場の拡大は歓迎されるものの、CER以外の質の悪いクレジットが混在しやすくなるリスクもある。したがって、より一層の差別化戦略や説明責任の徹底が供給側に求められると同時に、消費者が賢くなる必要もある（カーボン・オフセットに関しては第5章を参照）。

5 ＣＤＭと他の制度との関わり

ＣＤＭは基本的に補助金制度であり、既存の貿易促進、研究開発、そして開発援助などの国内および国際制度と大きな影響関係を持つ。また、ＣＥＲは、国際経済における基軸通貨のようなものとして、様々な制度（例：各国の排出量取引制度）をリンクする働きも持つ。ここでは、このようなＣＤＭという制度が持つ政策連関（Policy linkage）の例として、政府開発援助（ＯＤＡ）と日本における国内排出量取引制度の二つについて述べる。

ＯＤＡとＣＤＭ

ＯＤＡ資金をＣＤＭプロジェクトに活用できるようなルールづくりは、先進国、その中でも特に日本がこだわってきた。一方、発展途上国の総論としては、従来から海外資金援助として実施されているＯＤＡを資金源とするプロジェクトは、ＣＤＭとして認めないというものである。これは、現状の海外資金援助を実質的に減額させないためにも自然な考え方であり、多くの途上国はそのように考えている（筆者の明日香も同意見である。ただし、既存のＯＤＡに量的に追加的なものであれば問題ない）。

しかし、「削減義務を守るためにＯＤＡが使えれば日本の財政負担が減る。ＯＤＡ減額にも歯止めをかけられるかもしれない」と日本の援助関係者や財務省が考えるのは理解できなくもなく、途上国のＯ

DA受け入れ担当者自身にとっては、案件はないよりもあった方がよい場合が多い。したがって、援助する側と援助される側の一部にはODAを流用するインセンティブが存在する。現在、すでに実際のCDMにおいて日本の円借款が設備投資部分のファイナンスに使われた例があり（エジプトでの風力発電CDM）、日本政府としては特に問題にならないと考えているようである。しかし、まだ曖昧さは残っており、二〇一三年以降のルールにおいて、ODAとCDMとの関係がどのように整理されるかは、他の争点とのバランスもあるため、交渉が終わってみなければわからない。

日本の国内排出量取引制度および中小企業CDM

国内排出量取引制度は、国内統合市場とカーボン・オフセット市場（J-VER）の二つに大きく分かれる。経団連参加企業が自主行動計画目標順守に使用可能なクレジットが取引される前者は、さらに、1．経団連の自主行動計画に参加している企業が自主行動計画の目標と同じ数値目標を実質的なキャップとして持つ制度、2．環境省が三年前から実施していた国内自主参加型排出量取引制度（JVETS）、3．経産省が新しく実施しようとしている中小企業からのクレジットを大企業が買い取るスキーム、いわゆる国内中小企業クリーン開発メカニズム（国内あるいは中小企業CDM）、の三つを統合したものになる。

いずれにしろ、試行であるものの、経団連の自主行動計画に参加している企業は、実質的にはキャップ・アンド・トレードの枠組みに入る。また、環境省JVETSの場合も、事業所ベースで排出量総量上限（キャップ）を定めて余剰分あるいは不足分の取引を認めるキャップ&トレード方式である。一方、経済産業省の中小企業ＣＤＭはベースライン&クレジット、すなわち生産計画、導入する省エネ設備などのスペック、稼動条件などを考慮あるいは推定して、ベースライン・シナリオ（プロジェクトがなかった場合に実現されると考えられる状況）での推定排出量とプロジェクト実施シナリオでの見込み排出量を算定し、その差を取引可能なクレジットとする方式である。

これらの全く仕組みが異なる三つを統合した場合の課題は、追加性問題と二重計測（ダブル・カウント）問題である。追加性問題とは、前述のように、本来、制度がなかった場合でも実施されていたプロジェクトに対してクレジットを与えてしまう問題である。すなわち、もし、経団連傘下の大企業がクレジット取引によって自主行動計画の目標を守れたと主張することが可能になった場合、そのクレジットが非追加的であれば、日本全体の京都議定書目標達成には実質的に貢献しないことになる。また、参加企業あるいは子会社として経団連自主行動目標の組織境界内に入っている中小企業での削減分を同じ組織境界内にある大企業がクレジットとして利用した場合も、ダブル・カウントになるので目標達成には貢献しない（この場合、中小企業の削減分は、経団連自主行動計画の一部としてすでにカウントされている）。

すなわち、もし、追加性のない、あるいはダブル・カウントされているクレジットを経団連の大企業が購入して自らの排出義務を満たしたと主張した場合、日本が京都議定書の数値目標を遵守するためには、日本政府が海外からＣＥＲなどの京都メカニズムクレジットをより多く購入することになる（これは国民の税金がより多く使われることを意味する)。

このような問題が発生するために、オーストラリアやニュージーランドの排出量取引制度では、国内プロジェクト由来のクレジット使用を、キャップがかかっていないセクターからのクレジットのみと厳格に規定するとともに量的にも制限している。

6 今後の展望

最後に、もう一度CDMという制度を評価すると同時に、今後の温暖化対策国際枠組みの交渉におけるCDMの位置づけを考えてみたい。

一九九七年の京都でのCOP3の際に、「偉大な驚き(great surprise)」と呼ばれたのがCDMだが、すでに述べたように多くの課題も持つ。しかし、筆者は、技術および資金を移転するメカニズムとして画期的な仕組みとして一定の評価はするべきだと思う。なぜなら、これまで先進国のスローガンでしかない場合が多かった技術および資金の移転を、先進国が京都議定書目標を達成するための半義務的な制度として確立したからである。

制度の存続およびクレジット供給の見通しだが、案件発掘からクレジット発行までの長いリードタイムを考えると、二〇〇六年以降はCDM/JIプロジェクトの案件形成が減少すると予想されていた。しかし、実際には、二〇〇八年になってもクレジット供給量の目立った減少はみられていない。これは、

ＥＵ−ＥＴＳの発展やＣＯＰでの議論の進展から、「ＣＤＭ制度がなくなることはない」という認識が市場で共有されつつあるのが大きな理由だと思われる。いずれにしろ、多少の浮き沈みはあるものの、二〇一三年以降も、何らかの形で制度として存続していくだろう。

もちろん、先進国側の一部には、ＣＤＭはアメとムチのアメだけしかない制度だという批判がある。一方、ＣＤＭ案件が少ない発展途上国は、不公平だという不満を持つ。持続可能な発展に資する案件が少ないという不満もある。しかし、全ての関係者を満足させるような制度というのは現実的にはありえない（売り手である途上国の中にも、買い手である先進国の中にも、それぞれいろいろな意見や立場がある）。すなわち、全員が不満を持たないようなプロジェクトや制度をつくるのはそう簡単ではないという認識をある程度は持ちながら、より良いプロジェクトや制度をつくる努力を続けるべきだと考えられる。

二〇一三年以降の枠組み交渉におけるＣＤＭの役割に関しては以下のようなポイントがあり、いずれもＣＤＭが外交カードとして持つ価値の相対的な低下を意味する。

第一は、一九九七年のＣＯＰ３の時と現在の交渉の構図が全く異なることである。現在の国際交渉における先進国の対途上国戦略は、端的にいうと「途上国グループを新興国と低開発国に分断する」「中国などの新興国をＣＤＭから早く卒業させる」というものである。すなわちＣＯＰ３の場合は、ＣＤＭはアメとして機能したが、今回は、別のアメを用意する必要がある。もちろん、低開発国に対して、よりクレジットの供給量が増えるような提案がなされている。しかし、たとえ低開発国が「特別待遇」を先進国から提案されたとしても、交渉グループとしての途上国の一枚岩を壊す価値があると判断するかどうかは難しい。

第二は、CDMは、そもそも先進国にとっての「削減コスト低減ツール」という意義を持つものなので、先進国も取引のカードとしにくいことである。つまり、先進国の思惑自体が、「CER全体の供給は増えてほしいけれど、中国やインドからの供給は減ってほしい」という矛盾した、少なくとも実現は容易ではない状況を想定している。

第三は、IPCCの中の「野心的な削減目標」を達成するために、より多くの技術・資金移転が必要であり、そのためにCDMとは別のメカニズムが議論され始めていることである。実際に、例えばノルウェー政府は、AAUの一部をオークションして得られた資金を途上国の排出削減や適応に用いる案を、メキシコ政府は一人当たりの所得に応じた世界的な基金の創出を、途上国グループは先進国による新規かつ追加的なGDPの〇・五～一%規模の基金創出を、スイス政府は国際共通炭素税などをそれぞれ提案している。

これらを鑑みると、CDMは重要なイシューの一つではあるものの、少なくとも主要国にとって最重要のものではなく、COP3の時と比べると外交カードとしての価値もそれほど大きくないと考えられる。いずれにしろ、客観的にみれば、国際交渉を前に進めるためのボールは先進国の方にある。もし日本が福田ビジョンを踏襲して環境立国を国是とし、かつ国際協調、公平性、そして効率性を重視するのであれば、中期目標などに関する自らの立ち位置をはっきりさせた上で、炭素に値段をつけるというカーボン・マーケットの重要性の再認識やＣＤＭ改革も含めた具体的な国際社会へのメッセージ発信が必要不可欠だと思われる。

第2章

ＣＤＭと持続可能な発展

古沢広祐

1　本章の背景とＣＤＭ発行プロセス

「持続可能な発展」、この言葉を世界的に普及させた『われら共有の未来』（一九八七年、邦訳『地球の未来を守るために』）の定義では、「将来の世代がその欲求を満たす能力を損うことなく、現在の世代の欲求を満たす開発」と説明しており、一九九二年の地球サミットを契機にして世界的に共有する理念として受け入れられた。この概念は、基本的には〝現存世代の公正〟（南北問題：貧困と環境圧力、資源・財への不平等なアクセス）と〝将来世代との世代間の公正〟という二つの次元を含んだ公平性に基づいた永続的な発展の達成を意味している。いわば発展における諸矛盾を、広く公平な立場から未来を見据えて克服していく道を模索していく試みといってよかろう。

この基本理念は、実際の政策においてどう反映されているのだろうか。その一例としては、気候変動枠組（温暖化防止）条約の実施を規定する京都議定書において「京都メカニズム」の中にＣＤＭ（クリーン開発メカニズム）が盛り込まれたことに表れている。温暖化防止の責任を先進工業国がまずは率先して達成する第一約束期間の中で、発展途上国との連携と持続可能な発展への寄与が結びつけられて組み入れられたのである。それは、温暖化問題を回避するために先進諸国の取り組みと途上国の発展形態の改善とがリンクされて問題解決していく政策としてとらえることができる。

すなわちＣＤＭとは、「温室効果ガスの削減」と「途上国の持続可能な発展」といういわば二つの顔をそなえた取り組み形態であるといってよかろう。残念ながら、現状をみるかぎり二つの顔は歪んでいるのが実状ではなかろうか。実際の実施状況をみると、その理念を離れて先進諸国の削減義務を緩和させるだけの抜け道的な手段に陥っている側面がなきにしもあらずといった問題を抱えているのである。低炭素社会へ向けた方向転換を実現するにあたり、途上国の持続可能な発展に寄与する理念を掲げたはずのＣＤＭの取り組みについて、その現状と問題点、課題についてみていくことにしたい。

本章では、「持続可能な発展」というものが、ＣＤＭの仕組みの中でどのように扱われているかを、ＣＤＭに関する定義やルールを定めている条約や基準を追うことにより現状分析を行い、課題を明らかにしていく。

ＣＤＭプロジェクトが実際にどのように成立していくのか（図1参照）、その全体的なプロセスをみていくなかで、各段階で持続可能な発展がどう考慮されているのかを検証していく。プロセスの図をみての通り、プロジェクト参加者は、計画をプロジェクト設計書（ＰＤＤ：Project Design Document）のフォーマットに従い記述し、ホスト国・投資国の承認を得た上で、指定運営組織（ＤＯＥ：Designated Operational Entity）による有効化審査（Validation）を受ける。審査を通過した後、ＣＤＭ理事会により承認されるとＣＤＭプロジェクトとして登録される。プロジェクトによる削減量を把握するため、様々なパラメータをモニタリングしながら実施し、そのモニタリング結果をＤＯＥ（基本的に有効化審査を実施したのと異なるＤＯＥ）が認証し、理事会がＣＥＲを発行する。

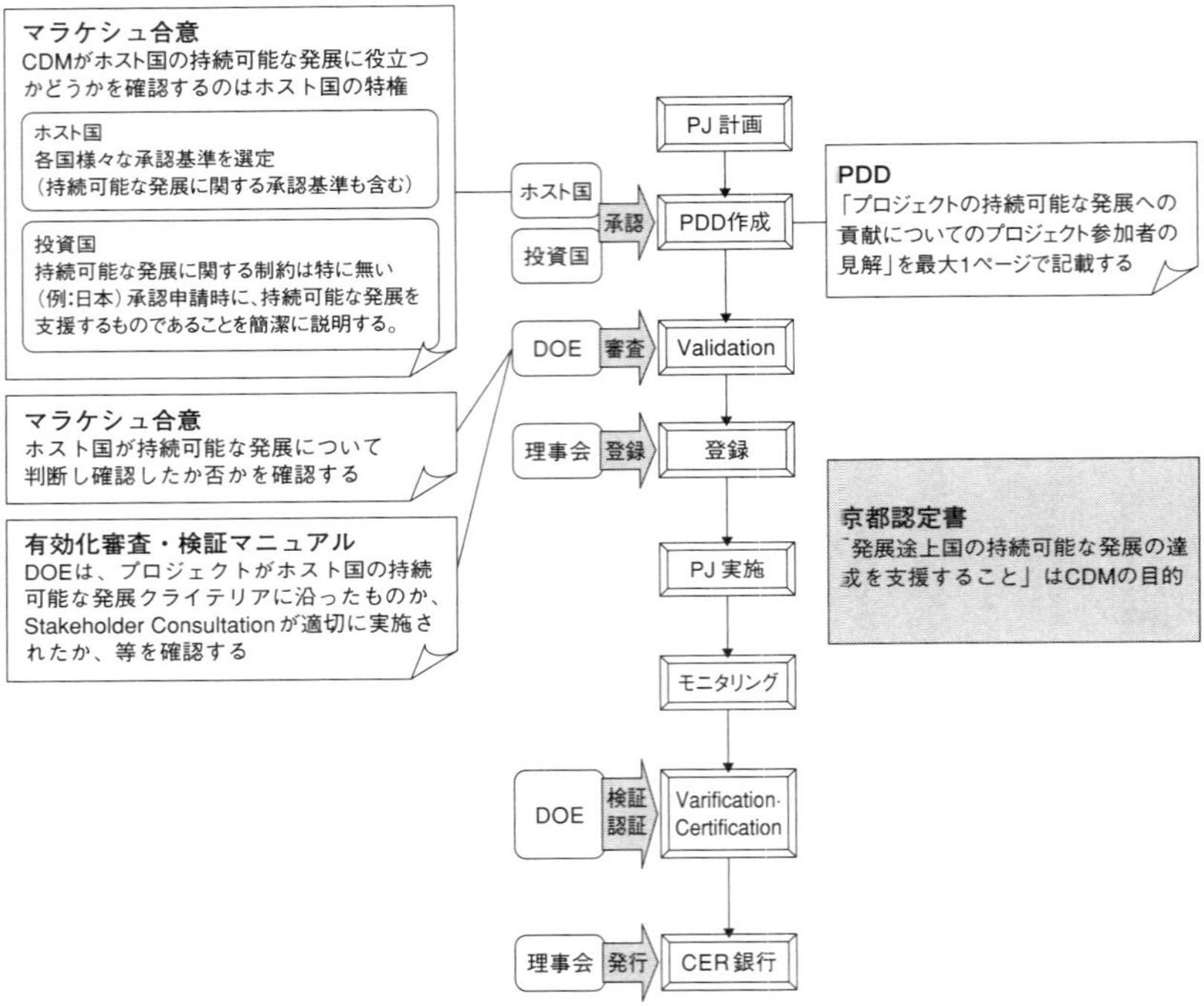
マラケシュ合意
CDMがホスト国の持続可能な発展に役立つかどうかを確認するのはホスト国の特権
ホスト国
各国様々な承認基準を選定
（持続可能な発展に関する承認基準も含む）
投資国
持続可能な発展に関する制約は特に無い
（例：日本）承認申請時に、持続可能な発展を支援するものであることを簡潔に説明する。
マラケシュ合意
ホスト国が持続可能な発展について判断し確認したか否かを確認する
有効化審査・検証マニュアル
DOEは、プロジェクトがホスト国の持続可能な発展クライテリアに沿ったものか、Stakeholder Consultationが適切に実施されたか、等を確認する
PJ計画
ホスト国
投資国
承認
PDD作成
PDD
「プロジェクトの持続可能な発展への貢献についてのプロジェクト参加者の見解」を最大1ページで記載する
DOE
審査
Validation
理事会
登録
登録
京都認定書
「発展途上国の持続可能な発展の達成を支援すること」はCDMの目的
PJ実施
モニタリング
DOE
検証
認証
Varification·Certification
理事会
発行
CER銀行

図１　CDM実施フローと持続可能な発展の扱い
出所：著者作成

ＣＤＭの運用ルールにおいては、プロジェクト設計書の作成、承認プロセス、審査、モニタリング、認証などの各プロセスまたは全体において、持続可能な発展についての取り扱い（特にホスト国の承認）が定められている。本章では、京都議定書、マラケシュ合意、ＰＤＤ、有効化審査（Validation）に関するマニュアル、ホスト国・投資国の承認基準において持続可能な発展がどのようにとらえられているかを詳細に検討する。

結論を先取りすれば、プロセス全体において、その取り扱いはホスト国のとらえ方や承認に大きく依存しており、内容的にも大きな差異があり、その現実にみるかぎりは重要視しているとはいい難い状況にある。またＤＯＥもその扱いについては十分な対応をしているとはいえず、投資国側も同様の状況にあり、多くの課題を抱えている状況といってよい。

以下、より具体的な現状についてみていこう。

2　ＣＤＭプロセスと持続可能な発展

京都議定書における持続可能な発展

京都議定書は、気候変動枠組条約に基づき、一九九七年一二月一一日に京都で開かれた第３回気候変動枠組条約締約国会議（ＣＯＰ３）で議決された。この中で、温室効果ガスの削減を柔軟に行うため市場原理を用いた目標達成の手段である「京都メカニズム」が定められた。そのうちの一つであるCDMは、先進国が比較的削減費用の小さい発展途上国において、温室効果ガスを削減するプロジェクトを実施し、その削減分を自国の目標達成分に充てることができる仕組みである。これは、京都メカニズムの中で唯一、第一約束期間の始まる二〇〇八年より以前から、クレジットの取得が可能であった。実際、二〇〇九年二月一八日時点で一四〇三件約二・五億トンが登録されており、発行された累積クレジット(CER)は約二億トン(CO_2)に上る。

しかし、ここで注意しておきたい点は、CDMは温室効果ガスを費用効果的に削減することだけを目的としてつくられた仕組みではないことである。京都議定書の第12条において、CDMの目的は次のように定められている。1.途上国の持続可能な発展の達成と条約の究極の目的への貢献の支援、2.先進国の目標達成の支援、である。つまり、途上国(非附属書I国、ホスト国)の持続可能な発展の達成を支援することが、CDMの目的として京都議定書の中で明確に定められており、CDMプロジェクトを実施する先進国や、プロジェクト事業者、さらにはチェック機能を担う機関も、このことを念頭において取り組まなければならないのである(注1)。

マラケシュ合意における持続可能な発展

CDMの具体的な運用については、二〇〇一年の第7回気候変動枠組条約締約国会議(COP7、マラケシュ会議)において合意された京都議定書の運用ルールの決定案(マラケシュ合意)に基づいており、ＣＤＭを含む京都メカニズムの運用方法全体についても定められている。

このマラケシュ合意の中に、ＣＤＭの持続可能な発展に関しては下記の二つの表記がある。まず、ＣＤＭにおいて持続可能な発展をどうとらえるかは発展途上国（非附属書Ⅰ国、ホスト国）に委ねられているということ、そしてＤＯＥは、ＣＤＭ理事会への提出前にホスト国による持続可能な発展に役立つことの確認書を受け取らなければならない、という二つの点である。

この規定では、持続可能な発展が何かを判断するのはホスト国に委ねられており、ＤＯＥの役割はホスト国が持続可能な発展について判断し確認したか否かを確認するにとどまる（注2）。

プロジェクト設計書（ＰＤＤ）における持続可能な発展

では実際にプロジェクト設計書（ＰＤＤ）の作成において、どういったことが検討されているのであろうか。ＣＤＭプロジェクトを実施する事業者は、事業概要や削減技術、削減量の計算方法などを記載したＰＤＤを、ＣＤＭ理事会に提出しなければならない。ＰＤＤを作成する事業者向けに作成されたマニュアル（ガイドライン：ＣＤＭ-ＰＤＤ、ＣＤＭ-ＮＭ）において、ホスト国の持続可能な発展に関連する記述を要求しているのは、次のように一項目のみである。

すなわち、プロジェクト活動の説明に関して（Ａ．２）、「どのように温室効果ガスを削減するかの説明」と「持続可能な発展への貢献に関するプロジェクト参加者の見解」が求められており、プロジェクト参加者の持続可能な発展への貢献が何らかの形で示されていればよいことになっている（注3）。

このように、ＰＤＤの作成に際して持続可能な発展に関する具体的かつ詳細な要求はなく、公開文書からは持続可能な発展に関連する情報を得ることは難しい状況となっている。

有効化審査（Validation）における持続可能な発展

ＣＤＭプロジェクトを実施する際には、ＣＤＭ理事会に提出する前の第三者機関ＤＯＥによる有効化審査（Validation）と、プロジェクトを実施した後のＤＯＥによる検証（Verification）を受けなければならない。この二つのプロセスに関するマニュアルがあるので、持続可能な発展に関する内容をみてみよう。

以前は、最大規模のＤＯＥであるＤＮＶ社が中心となり、ＴＵＶ Suddeutschland社、ＫＰＭＧ社らが加わって、世界銀行（ＰＣＦ）及び国際排出権取引協会（ＩＥＴＡ）がまとめたものがあったが、ＵＮＦＣＣＣによる公式なマニュアルは存在しなかった。しかし、二〇〇八年一一月に開催された第44回ＣＤＭ理事会において、有効化審査・検証マニュアル「Clean Development Mechanism Validation and Verification Manual（Version 01）」（略称：ＶＶＭ）が承認された。

このＶＶＭでは、CDM modalities and proceduresのパラグラフ37に基づく有効化審査の要求事項に関する項目が用意されている。その中で持続可能な発展に関しては、次のような内容となっている。（以下、訳は著者）

持続可能な発展

（ｉ）有効化の要求事項

ＣＤＭプロジェクト活動は、条約における附属書Ｉ国に含まれない国の持続可能な発展の達成を支援するものでなければならない。

（ii）有効化審査の手段

ＤＯＥは、ホスト国による承認レターについて、提案されたＣＤＭプロジェクト活動が、ホスト国の持続可能な発展に貢献することを確認していることを判定しなければならない。

（iii）報告要求事項

有効化審査報告書（Validation Report）には、ホスト国の指定国家機関（ＤＮＡ）が、プロジェクトがホスト国の持続可能な発展への貢献を確認したことを、記載しなければならない。これは、ホスト国承認の妥当性に関するＤＯＥの評価と一緒に報告してもよい。

この内容を見る通り、有効化審査においてＤＯＥは、プロジェクトがホスト国の持続可能な発展の達成を支援するものとなっているかを、〝ホスト国が確認しているか〟について確認することとなっている。その手段としては、ホスト国のDNAによる承認レターの内容を確認するというものである。

CDMプロジェクトが持続可能な発展に貢献するかどうかの判断がホスト国に委ねられていることが、このマニュアルにおいても確認されているわけである。ではホスト国では実際にどのように、プロジェクトの持続可能な発展への貢献について判断しているのだろうか。次に、実際のホスト国の事例を取り上げてみたい。多数のホスト国においては、持続可能な発展に関しては様々な位置づけとなっており、詳細な持続可能な発展指標を明示している例はまだ数少ない。

3 ホスト国の承認における持続可能な発展

既にみてきたように、プロジェクトがホスト国の持続可能な発展の達成に役立つかどうかを確認するのはホスト国の特権である。以下では、ホスト国が持続可能な発展に関してどのような承認基準を定めているかを、いくつか例を挙げてみていくことにする。

CDMは、これまでみてきたように、持続可能な発展はあくまでホスト国側の要求や設定する基準によって成り立つものであることから、実際にホスト国側がどのように対応しているかみていこう。以下では、多数のホスト国の中でプロジェクト数が多い代表三カ国のインド、中国、ブラジルとともに、プロジェクト数は多くはないが比較的詳しい持続可能な発展指標を明示しているインドネシアの計四カ国をとりあげる。

インド

二〇〇九年二月一六日時点で登録されているCDMプロジェクトの中で、中国に次いで二番目に件数が多いのがインドである。その持続可能な発展に関する承認基準は、以下にみるように、社会・経済・環境・技術の四つから構成されている。すなわち提案されたプロジェクトが、貧困削減、ニーズに沿った追加的投資、資源への配慮、技術移転に貢献するかが、どうかがホスト国承認プロセスにおいて確認されることとなっている。

〔インドにおける持続可能な発展に関する承認基準〕

（持続可能な発展指標）

CDMプロジェクト活動が持続可能な発展の達成を支援するかどうかを確かめるのは、ホスト国の特権である。また、CDMプロジェクトは、環境の観点から貧困層の生活の質を改善するよう図られるべきである。

CDMプロジェクト活動を計画する際、下記の観点を考慮すべきである。

1. 社会的観点：CDMプロジェクト活動は、追加的雇用の創出、社会的不平等の是正、生活の質の改善につながる基本的アメニティの提供への貢献によって、貧困削減に寄与すべきである。

2. 経済的観点：CDMプロジェクト活動は、人々のニーズと合致した追加的投資をもたらすべきである。
3. 環境的観点：生物多様性保護、人々の健康への影響、汚染レベルの削減など、提案プロジェクトの資源持続可能性および資源劣化への影響に考慮すべきである。
4. 技術的観点：CDMプロジェクト活動は、技術レベルの向上に資するため、環境にやさしく、ベストプラクティスと同等の確実性のある技術の移転をともなうべきである。その技術移転は、他の発展途上国からの移転も同様に、国内にとどまるものである。

（注4）

以上のように、四つの観点から考慮すべき内容が書かれているが、抽象的な表現にとどまっており、具体的な指標や評価の詳細についての定めは文章上では示されていない。

中国

中国もプロジェクトが多く実施されており、二〇〇九年二月一六日時点で全登録プロジェクト件数の約三割を占めており、最多となっている。中国では「運行管理弁法」と呼ばれる法律の中で、プロジェクトの種類に応じて、中国政府とプロジェクト実施者との間におけるクレジットの配分を定めているのが特徴的である。

この運行管理弁法の中では、弁法の中で定められた重点分野、「エネルギー効率改善」「新エネルギーと再生可能エネルギーの開発・利用」「メタンガスと石炭層ガスの回収・利用」に見合っているかを確認することが、プロジェクト承認時の持続可能な発展への寄与度の検討であるととらえられている。

〔中国での運用規定〕

（運行管理弁法より）

Ⅰ．一般条項

第４条

中国におけるＣＤＭプロジェクトの優先分野は、エネルギー効率改善、新エネルギーおよび再生可能エネルギーの開発・利用、メタン回収・利用である。

Ⅱ．許可要件

第６条

ＣＤＭプロジェクト活動は、中国の法律および規則、持続可能な発展戦略・政策、国家経済社会発展計画の要件に則っていること。（注５）

中国のケースでは、実際の運用に関しては「運行管理弁法」において定められており、その内容をみるかぎり、優先順位がエネルギー効率改善、新・再生エネルギー開発と利用、メタン回収と利用というように、技術レベルのプロジェクトが中心的な位置を占めている。持続可能な発展に関しては不明確であり、具体的には国の政策、特に国家経済社会発展計画の要件に則っていることだけが明示されているのみである。

ブラジル

ブラジルの登録プロジェクトはインド、中国に次ぐ三位であり、二〇〇九年二月一六日時点で一五〇件のプロジェクトが登録されている。ブラジルにおける持続可能な発展に関する評価は、「地域環境」「労働環境・雇用の向上」「富の再配分」「技術開発・キャパシティビルディング」「地域統合・他部門との関連」の五項目からなっている。

それらは、「3-Annex Ⅲ-気候変動に関する省庁間委員会決議No.1のAnnex Ⅲ」および京都議定書12条2に則り、プロジェクト活動の持続可能な発展への貢献に関して記述したものである。

気候変動に関する省庁間委員会決議No.1のAnnex Ⅲについてのガイドラインは、決議の最後のページにあり、以下のような内容となっている。

〔ブラジルにおける持続可能な発展に関する評価〕

（Annex Ⅲ、ガイドラインを参考）

—

…（プロジェクト名を記載）…プロジェクトの持続可能な発展への貢献

・（Ａｎｎｅｘ Ⅲに挙げられたプロジェクトの貢献に関する五つの観点が、それぞれ下記のように記載されるべきである）

ａ　地域環境持続可能性への貢献

ｂ　労働環境発展および雇用機会創出への貢献

ｃ　富の再配分への貢献

ｄ　技術開発およびキャパシティビルディングへの貢献

ｅ　地域統合および他部門との相互作用への貢献

・持続可能な発展に関する各観点に対してプロジェクトがどのように貢献するかという根拠を、数段落でまとめること。ただし、ＰＤＤまたはそれに相当するものに基づいて記載しなければならない。どの根拠に基づいた記載かを明記すること。

（注6）

インド、中国の場合と比べて、ブラジルの記述ではその内容がかなり細かく明示されている。五つの観点が具体的に特定されており、それに対する貢献について根拠を含めて記載することを求めており、内容について評価がしやすい記述になっている。

インドネシア

インドネシアのCDM案件は多くはないが、二〇〇九年二月一日時点で二二件のプロジェクトがCDM理事会に登録されており、八十件が登録に向けての準備中（validationに提出済み）である。インドネシアでは「環境」「経済」「社会」「技術」の四つの持続可能な発展に関する側面からプロジェクトを評価している。

環境への影響、経済への影響、社会への影響、技術への影響、四分野それぞれに対して天然資源保護や地域コミュニティ保全などの基準を定めて、そのための指標が提示されている。

以下が、その内容である。

〔インドネシアにおける四つの側面からのプロジェクト評価〕

環境

プロジェクトによる直接的な環境影響に関する評価

基準：天然資源保護または多様化による環境的持続可能性

・指標：地域における生態機能の持続可能性の維持

・指標：国および地域の既存の環境基準の閾値を超過しない（大気、水質、土壌汚染を引き起こさない）

・指標：遺伝子、種、生態系の既存の生物多様性を維持し、いかなる遺伝的汚染も引き起こさない
・指標：既存の土地利用計画に準拠する
基準：地域コミュニティの健康および安全
・指標：いかなる健康リスクも及ぼさない
・指標：職業上の健康・安全規則に準拠する
・指標：事故防止・管理のための行動に関する書面がある

経済

行政区間における評価は、影響がその範囲を超えて及ぶ場合、影響の及ぶ全ての区間を含める。
基準：地域コミュニティの福祉
・指標：地域コミュニティの収入を低下させない
・指標：地域住民の収入減の影響を克服するための適切な手段がある
・指標：地域の公共サービスを低下させない
・指標：既存規則に準拠し、いかなる一時解雇問題にも対処し、利害対立者間の合意がなされる

社会

行政区間における評価は、影響がその範囲を超えて及ぶ場合、影響の及ぶ全ての区間を含める。

基準：プロジェクトへの地域コミュニティの参加
・指標：地域コミュニティの意見が聴取されている
・指標：地域コミュニティからのコメントおよび不満が考慮され、対処されている
基準：地域コミュニティ社会の安定
・指標：地域コミュニティ間でいかなる争いも引き起こさない

技術

評価は国境を範囲として実施する。

基準：技術移転
・指標：知識や設備運用について外国への依存が生じない（ノウハウの移転）
・指標：実験的、または、すたれた技術を使用しない
・指標：地域技術のキャパシティおよび利用を促進する

（注7）

これらの内容をみる通り、四つの側面からそれぞれ重要事項の基準を示し、その中で具体的な指標を明示しており、持続可能な発展に関する内容と評価に関しては、最も詳細かつ有効な指標が示されていると思われる。持続可能な発展に関しては、一般的に環境、経済、社会の三つの座標軸で評価すること

が共通認識になっている。それを踏まえつつ、インドネシアの国情を反映して重要視している技術移転を組み入れて、四側面で組み立てていることは理にかなった内容だと思われる。

以上、代表的な四カ国の事例について、持続可能な発展をどのように評価し承認しているかについて、明記された文書によって内容の確認を行った。少なくとも四カ国についてみるかぎり、各国で持続可能な発展に関する内容や具体的な評価と指標提示が、大きく異なっていることがわかった。

さらに比較を通してわかることは、プロジェクト数が多い国において、必ずしも持続可能な発展の要素が重視されているとはいい難い状況がみてとれることである。それはCDMがもつ二つの顔のうち、どちらかといえば温室効果ガスの削減のみに重きが置かれている現状の反映ではないかと考えられる。言い換えれば、持続可能な発展の基準が強く出すぎるとプロジェクト自体が展開しにくいといった、現状のCDMが抱えている問題の反映なのかもしれない。

CDMについての課題とあるべき展開の可能性については、後の章にゆずるとして、引き続いて投資国側の取り組み状況について、日本を例にみてみることにしたい。

4 投資国の承認における持続可能な発展——日本を例にして

CDMプロジェクトを実施するには、ホスト国の承認に加え、投資国（先進国）の承認も必要である。

投資国に対して、ホスト国の持続可能な発展に関する内容確認が義務づけられているわけではないが、京都議定書においてCDMの目的の一つとして掲げられている以上、きちんとした確認をすることが望まれる。そこで、CDMプロジェクトの主要な投資国でもある日本の承認基準をみてみることとする。

日本政府の承認基準

CDMプロジェクトの実施、排出削減量獲得などを目的として、日本政府にプロジェクトについての承認を得ようとする事業者は、申請の手引きに従い申請書を政府に提出する。その申請の手引きの中で、ホスト国の持続可能な発展に関しては下記のような指針が示されている。申請書の提出者は、持続可能な発展の達成を支援するものであることと、プロジェクト実施による環境影響と対応策について、簡潔に説明することとなっている。

Ⅲ．プロジェクト情報

4ホスト国の持続可能な開発の達成への支援

CDMは、ホスト国の持続可能な開発の達成を支援することも目的としています。これを踏まえ、当該プロジェクトがホスト国の持続可能な開発（経済面、環境面、社会面での発展）の達成を支援するものであることを簡潔に説明してください。

7環境への影響

プロジェクト参加者は、原則として、プロジェクト実施に伴う環境影響の分析又は評価を行い、認定独立組織の決定に関する審査や、指定運営組織の有効化審査を受ける必要があります。これを踏まえ、当該プロジェクトの実施に伴う環境（生態系、大気、水質、土壌等）への負の影響の見通し及びそれへの対応策について簡潔に記入してください（国際ルール等により必要がない場合を除く。）。

（別紙2 申請の手引き）

また、プロジェクト支援担当省庁は、申請書を下記の承認基準に従い審査することとなっている。下記の承認基準においては、申請書には持続可能な発展の達成の支援についての説明が記載されるが、それに関しては、次に示されているように審査されるとの内容にはなっていないと判断することができる。

2．承認基準

承認に当たっては、以下の基準に従って審査を行う。

（指定運営組織及びCDM理事会等が行うような審査を行うものではない。）

（1）プロジェクトの内容が、京都議定書、マラケシュ合意その他の国際的合意事項に反するものでないこと。

（2）プロジェクト実施主体が、破産その他の事由により、プロジェクトの適確な遂行が明らかに困難な経営状況等にあると認められるものでないこと。

（共同実施及びクリーン開発メカニズムに係る事業の承認に関する指針）（注8）

ＮＥＤＯによるクレジット取得制度における承認基準

続いて、ＮＥＤＯ（新エネルギー開発・産業技術総合開発機構）による、「京都メカニズムクレジット取得事業」における承認基準をみていくこととする。ＮＥＤＯは日本政府からの委託により、二〇〇六年度より京都議定書の削減目標を達成するために必要な量のクレジットの確実かつ費用対効果を考えた取得を行っている。

このクレジット取得事業では、購入契約事業者を選定するにあたって審査が実施されるが、その際いくつかの審査基準が設けられている。その審査基準の一つとして、下記のようにホスト国の環境・地域住民への影響が挙げられている。

（2）審査基準

〈提案内容の実質審査の基準〉

環境及び地域住民への影響に関する配慮に係るリスク評価

（ホスト国の環境及び地域住民への影響に関して配慮しているか　等）

〈タイプＡ〉〈タイプＢ〉に係わる公募要領

なお、この「環境及び地域住民への影響に関する配慮に係るリスク評価」に際して、次頁の「環境に与える影響及び地域住民に対する配慮に関するリスト」（表1）が、クレジットを生成するプロジェクトに係る環境に与える影響及び地域住民に対する配慮を徹底する目的で用意されている。

事業者はクレジット取得事業に応募するにあたり、環境・地域住民への影響を確認し、その結果をリストに従って記入してNEDOに提出しなければならない。提出後、NEDOは、これを参考にしてヒアリングを行う。

以上、政府の承認基準や事業機関NEDOの承認基準をみても、その基準は環境への影響に重きが置かれており、持続可能な発展に対する配慮や評価に関しては極めて不十分な内容であることがわかる。日本は京都会議主催国であり、京都メカニズムという名称を冠した実行プロセスを強く押し進めていくリーダー的な存在位置にあるにもかかわらず、その内容の詰めは甘いといわざるをえない。CDMによる削減について、日本の依存度はかなり大きいことから、CDMの内容に関してはより注意深くなってしかるべきである。とりわけ国際協力や国際貢献を国の政策の重要な柱としている国として、CDMにおいて持続可能な発展という重要な要素が抜け落ちないように、十分な配慮を積極的に行っていくべきだと思われる。

表1　環境に与える影響および地域住民に対する配慮に関するリスト

分類	項目	主な配慮事項（例示）	記入欄
1 許認可	環境影響評価及び環境関係許認可	①プロジェクトは環境影響評価制度の対象となるか 〈プロジェクトが対象となる場合〉 ・環境影響評価報告書等の作成状況について ・環境影響評価報告書等のホスト国政府承認について（承認の必要の有無） ・環境影響評価報告書等の承認の付帯条件について（付帯条件の有無。ある場合は、その内容） ・モニタリングについて（規定の有無。必要とされる場合その対応状況） ②環境関係の許認可の状況 上記以外に、現地の所管官庁から環境に関する許認可が必要な場合の許認可取得状況について（取得の時期。未取得の場合は、取得予定の時期）	
2 汚染対策	大気質、水質、廃棄物、土壌汚染、騒音・振動、地盤沈下、悪臭	①プロジェクトによる大気汚染、水質汚染、廃棄物、土壌汚染、騒音・振動、地盤沈下、悪臭等の影響について ②これらの汚染に関するホスト国の法律、基準・規制、目標等の遵守状況について ③ホスト国の法律、基準・規制、目標等が定められていない項目や物質等であるが、環境影響が著しいものについて	
3 自然環境	(1) 保護区、生態系、水象	①プロジェクトに関係する保護区や生態系、水象等への影響について ②関連するホスト国の法律、基準・規制、目標等の遵守状況について ③ホスト国の法律、基準・規制、目標等が定められていない事項であるが、環境影響が著しいものについて	
	(2) 地形、地質	①プロジェクトによる地形・地質等への影響について ②関連するホスト国の法律、基準・規制、目標等の遵守状況について	
4 地域住民への影響	(1) 地域住民への説明	①プロジェクトの内容および影響について、情報公開を含めた地域住民への説明の実施について（法令等による実施の必要の有無。実施した場合その実施状況） ②地域住民および所管官庁からのコメントへの対応について（法令等による必要の有無。対応した場合その対応状況）	
	(2) 住民移転	①プロジェクトの実施に伴う非自発的住民移転について。生じる場合は、移転による影響を軽減するための取り組みについて ②移転する住民に対し、移転前に移転・補償に関する説明の実施について ③移転住民について移転前の合意について	
	(3) その他	プロジェクトにより、住民移転以外の社会環境（地域住民や、少数民族、先住民族の生活・生計、文化遺産、景観等）に著しい影響があるか。その場合、関連する法令の遵守を含めて、それを軽減する配慮について	
5 モニタリング	モニタリング	1～3のうち、ホスト国の法令等によりモニタリングが求められている場合、その遵守に関する具体的内容について	
6 その他	その他	プロジェクトの内容や地域の特性を考慮し、必要に応じて、その他配慮されている事項、項目を追加	

注1：環境影響評価報告書または相当のものが作成済みの場合は、その写しを、未作成の場合は、今後実施予定のその内容を示して下さい。
注2：環境影響評価報告書または相当のものが既にホスト国に承認されている場合は、その文書の写しを示して下さい。

5　NGO等による持続可能な発展指標

ここまでは、議定書やマラケシュ合意といった決定事項の中での持続可能な発展の取り扱い、ホスト国政府と投資国政府といった公式な関係者のとらえ方をみてきた。ここでは、NGO等によるCDMの持続可能な発展に関する、自主的な取り組みをとりあげることとする。彼らは独自に持続可能な発展に関する指標を用意し、CDMプロジェクトが少しでもホスト国の持続可能な発展に貢献するものとなるよう、あるいは、悪影響を及ぼすものを排除するよう、取り組んでいる。その代表的な取り組みがゴールド・スタンダードであるが、第4章で詳しく述べるので、ここではゴールド・スタンダード以外の取り組みをいくつか紹介する。

ヘリオ・インターナショナル（HELIO International）

ヘリオ・インターナショナル（HELIO International）は、ホスト国がCDMプロジェクトを承認する際の一助とする目的で、プロジェクトを評価する二六の指標を整備した。そのうちの一つが持続可能な発展の指標であり、これは表2にあるように八つに細分化されている。これらは環境・社会・経済・技術の四つに分類されており、このうち環境・社会に関する指標について、プラスであることを必要としている。しかし、これらの指標は素案（ドラフト）にすぎず、各ホスト国が経験により改訂して

表2

分　類	指　　　　標
環　境	気候変動緩和への貢献
	地域環境の持続可能性への貢献
社　会	雇用創出への貢献
経　済	収支バランスの持続可能性への貢献
	マクロ経済の持続可能性への貢献
	経済効率
技　術	技術水準への貢献
	天然資源の持続可能な利用への貢献

出所：「Criteria and Indicators for Appraising Clean Development Mechanism (CDM) Projects」 Steve THORNE, Dr. Emilio Lebre LA ROVERE, HELIO International, 1999より作成

表3

	評価範囲	評価指標	単　位	説　　　明
社会	貧困削減	雇用創出	人／年	雇用は個々人の経済状況を改善するのを助け、定期的収入をもたらす。
	均等配分	プロジェクトにより創出される総収入に対する、貧困層女性の収入の割合	%	均等配分は持続可能な発展にとって重要なポイントである。収入が現在最も少ないグループに供給される場合に、プロジェクトは持続可能な発展に貢献する。分析結果では、貧困女性で形成されるグループがそれに当たる。
経済	ミクロ経済効率	内部収益率（IRR）	%	内部収益率（IRR）は、プロジェクトのミクロ経済的効率を図る。初期投資に対する、プロジェクトレベルで創出される収益で表される。
	収支バランスへの貢献	導入容量（MW）当たりの外貨獲得	USD/MW	本指標はマクロレベルの指標である。プロジェクト実施に外国資本があまり必要でない場合、国家の収支バランスは改善される。
環境	資源保全	化石燃料使用	トン／年	当該プロジェクトにとって最も重要な資源を選択し、その節約が評価される。
	地域環境への圧力軽減	SO_2 排出	トン	当該プロジェクトにとって最も重要な汚染物質を選択し、その削減が評価される。

出所：「Small-Scale CDM Projects: Opportunities and Obstacles　Can small-scale projects attract funding from private CDM investors?」Factor Consulting + Management AG and Dasag Energy Engineering Ltd., 2001より作成

いくことが望ましいとされている。

ファクター・コンサルティング＋マネジメントＡＧ（Factor Consulting＋Management AG）

ファクター・コンサルティング＋マネジメントＡＧ（Factor Consulting＋Management　ＡＧ）は、表３のような持続可能性に関する六つの指標を用いて、小規模ＣＤＭプロジェクトの評価を実施した。そこでは、ケーススタディに使われた一七件の小規模プロジェクト全てが持続可能な発展に貢献するものであり、特に「社会」的側面への貢献度が大きいとの結果を提示している。

ティンダール・センター（Tyndall Center）

ティンダール・センター（Tyndall Center）による報告書は、吸収源ＣＤＭプロジェクトの評価枠組みを作成する目的で書かれている。その中では、「炭素」「環境」「社会」の基準が用いられており、これらは表４のようにそれぞれ４、３、３の細かい基準に細分化されている。

これらの基準を用いて、各ステークホルダーがどの基準を重視するかを、多重属性評価（ＭＣＡ：Multi Criteria Analysis）を用いて評価している。

表4

炭素基準

評価範囲	指　　　標
炭素影響	炭素隔離（tC/ha）：プロジェクトの森林または農林業システムによって固定される、ヘクタールあたりの炭素量を示す。植えられる種によって炭素吸収量は異なると考えられるが、ヘクタールあたりの平均値で推計する。
費用対効果	プロジェクトIRR増加（%）：同量のGHG排出量を削減する他のプロジェクトと比較したプロジェクトのコストを示す。
炭素リスク	リーケージリスクおよび自然リスク（高・中・低）：リーケージは、ある場所ある時間における意図したLULUCF活動が、他の場所他の時間に炭素貯留をするという間接的影響である。リーケージは、異なる空間異なる時間で起こりうる。当該地域の土地利用変化のパターン、移住率、経済動向、政策動向を分析することで、リーケージリスクを評価することができる。プランテーションに被害を及ぼしうる災害によってプロジェクト実施地が影響を受けるリスクは、プロジェクト実施地の立地、および、過去の異常気象災害（干ばつ、ハリケーン、洪水）の頻度によって推計することもできる。
政策影響	CDMにおけるプロジェクトの適格性（yes/no）：適用する森林管理システムおよび設計、方法論のガイドラインに基づく、CDMにおける適格性を示す。適格でないプロジェクトは、少なくとも第一約束期間において京都議定書に基づく国際的炭素取引に参加することができない。

環境基準

評価範囲	指　　　標
生物多様性	・プロジェクトによる地域生態系の連結性増加（高、中、低）：現在分離されている森林区画をつなぐ、または、自然環境の転換を防止するというプロジェクトの能力は、地域の地図または衛星画像によって評価される。 ・プロジェクトによる地域の種の維持／増加（木種／ha）：プロジェクト実施地の生物多様性の推計がある場合、プロジェクトの生物多様性を維持／増加する能力は、適用される森林管理システムおよびヘクタールあたり植えられる種の数によって評価できる。 ・国家の生物多様性優先地域における森林生物多様性の保存、および、生態系保全（yes/no）：国家の観点から、この基準は、土地特有種または絶滅危惧種のため、国家的に優先される地域における森林保全および促進へのプロジェクトの貢献を評価する。
水量・水質	・流域の水量の維持／増加（高・中・低）：プロジェクト実施地の質的データ（地図、衛星画像）から、プロジェクトの水保全への貢献を質的に評価できる。 ・斜面および水流における浸食の削減（トン（森林土壌）／mm（プロジェクト地域の総降水量））：本基準は、樹木による覆い、水の遮断、土壌固定等によって、プロジェクトが浸食を防止する能力を反映するものである。
土壌の質	土壌の肥沃さの増加（%（有機炭素）／cm^3（土壌））：異なる土地、その年の異なる時期における通常の土壌アセスメントによって推計される。質的な評価は、植えられる種や土壌を肥沃にする理論的能力に基づき行われる。土壌の肥沃化は、根によるもの（土壌の硝化）、または、落葉（土壌システムへの有機物の注入）を通して実現される。

社会基準

評価範囲	指　　標
経済的便益	プロジェクト活動による世帯当たり収入変化（USD／世帯／年）：本基準は、参加する家庭へのプロジェクトの経済影響をとらえるためのものである。
組織的発展	・プロジェクト活動により促進される地域財産権の明確化（yes/no）：本基準は、CDM森林プロジェクトが地域コミュニティ、地域当局、政府を引き込む能力を示し、土地および森林資源の権利を定義する。そうすることで、プロジェクトの実現可能性を担保し、地域住民が権限を与えられ、土地権利への影響に関する争いを解決しうる。 ・プロジェクト活動により最貧世帯の森林資源へのアクセスを促進する（yes/no）：プロジェクトは、特に不慮の出来事の際、または、最貧世帯が活動の計画・管理に直接参加する場合、最貧世帯の森林資源へのアクセスに影響するか？ ・コミュニティの正式および非正式な組織の、プロジェクトの設計、管理、意思決定への参加（高・中・低）：本基準は、地域コミュニティおよび、正式および非正式組織の、プロジェクトの設計および管理への参加のレベルを示す。ここでの参加とは、意思決定構造およびプロセス（プロジェクト管理委員会、プロジェクト会議等）全てに地域住民が参加することとして理解される。
地域平等	・プロジェクトについて知っており、参加し、利益を享受する地域住民の数（%）：本基準は、どれだけの地域住民を炭素吸収スキームに巻き込むことができるかという能力を示す。全ての地域住民が参加に関心を示さなくとも、理解の欠如や内部不信によって生じるコミュニティ内部での争いを最小化するためにも、プロジェクト事業者は全地域住民に情報提供することが重要である。 ・教育、医療サービス、キャパシティビルディングへのプロジェクト投資（USD／人口／年）：本基準は、森林以外の投資への経済貢献に関するものであり、これによって地域開発が促進される。

出所：「How do CDM projects contribute to sustainable development?」Katrina Brown, W. Neil Adger, Emily Boyd, Esteve Corbera-Elizalde and Simon Shackley, Tyndall Centre for Climate Change Research, Technical Report 16, 2004 より作成

6 おわりに

本章では、CDMにおいて持続可能な発展がどのように取り扱われているか、現状を整理してその内容を検討した。マラケシュ合意や京都議定書の国際的枠組みでは、ホスト国の持続可能な発展の達成を支援することがCDMの目的の一つとして掲げられており、それを判断するのはホスト国であると定められている。

実際CDMプロジェクトを実施する際にどう扱うかという観点でみると、プロジェクト参加者は、作成するPDDの中でプロジェクトの持続可能な発展への貢献に関する見解を記載することとされ、有効化審査を担当するDOEは、プロジェクトがホスト国の持続可能な発展の基準に沿ったものかを確認することとされている。しかし、外部からは、PDDに記載された情報とDOEの有効化審査報告書(Validation Report)における若干の記載のみしか、持続可能な発展に関する情報を得ることはできない。その情報を公式文書の上でみるかぎりは、持続可能な発展という要素がCDMにおいて重要視されているとはいえない状況であることがわかった。

またホスト国は、独自の承認基準を設定し、持続可能な発展に資するかを判断する。本章の中で紹介したように、持続可能な発展に関する承認基準は、多角的な観点から判断したり、プロジェクトの種類によって判断したり、また重きの置き方においてもホスト国によって様々である。基準がそれなりに設定されてはいるものの、ホスト国がプロジェクトをその基準に則ってどう審査し、どう判断したかは、外部からみることは難しい。CDMプロジェクトが、持続可能な発展に貢献するかどうかの判断はホスト国に委ねられていることから、プロジェクト実施のプロセスの中では持続可能な発展に関して第三者が得ることができる情報は多くないという状況にある。

地球サミット以来、持続可能な発展が世界の今後を左右する重要な基本理念になっているにもかかわらず、その政策を実現する手段の一つとして登場したはずのCDMは、残念ながらその理念を有効に機能させていないといってよかろう。しかしながら、発展途上国の公平なる持続可能な発展を主要目的と掲げるNGOは、その内実を強化するための提案や実践を先取り的に行っている（第4章参照）。また国際機関として世界銀行なども、途上国支援を掲げてCDMを有効活用すべく取り組みに着手している（第3章参照）。

CDMが次なる約束機関において、どのような形に引き継がれていくかは大きな課題である。その際、少なくとも基本理念である持続可能な発展という重要な要素が、より意味のあるものとして強化される仕組みづくりが求められていることは確かである。

注1――京都議定書第12条、2項より、「クリーン開発メカニズムの目的は、非附属書I国が持続可能な発展を達成し、及び条約の究極の目的に貢献することを支援し、並びに附属書I国が第3条の規定に基づく数量的な排出抑制及び削減の約束の遵守を達成することを支援することとする」

注2——マラケシュ合意「Decision17/CP.7」より、
「CDM事業活動がホスト国の持続可能な発展の達成に役立つかどうかを確認するのはホスト国の特権であることを確認」
40. 任命された運営機関は、
(a)理事会への確認報告書の提出に先立ち、当該事業活動がホスト締約国の持続可能な発展の達成に役立つことの同締約国による確認書など、各関係締約国の指定国家当局からの書面による自発的参加許可を事業参加者から受け取っていること。
(Decision17/CP.7, Annex, G. Validation and registration)

注3——GUIDELINES FOR COMPLETING THE PROJECT DESIGN DOCUMENT（CDM-PDD）AND THE PROPOSED NEW BASELINE AND MONITORING METHODOLOGIES（CDM-NM）Version 06.2
A. 2. プロジェクト活動の説明については、下記の説明を含めてください。
・プロジェクト活動の目的
・提案するプロジェクト活動がどのように温室効果ガスを削減するかの説明（つまり、使用される技術の種類は何か、プロジェクト活動の一部として正確な計測がどう実施されるか、など）
・プロジェクト活動の持続可能な発展への貢献に関するプロジェクト参加者の見解（最大一ページ）

注4——インド：Sustainable Development and Approval by Parties Involved
CDM India：http://CDMindia.nic.in/host_approval_criteria.htm

注5——中国政府「運行管理弁法」
Measures for Operation and Management of Clean Development Mechanism Projects in China
http://CDM. ccchina.gov.cn/english/NewsInfo.asp?NewsId=905

注6――ブラジル

Guidelines to complete Annex III of Resolution no. 1 of the Interministerial Commissionon Global Climate Change

（「Procedures for the Submission of CDM Project Activies to the Interministerial Comission on Global Climate Change」Executive Secretariat Interministerial Comission on Global Climate Change）

http://www.mct.gov.br/clima/comunic/pdf/Resolu_o01p.pdf

注7――インドネシア：National Commission on CDM

http://dna-CDM.menlh.go.id/en/approval/

注8――「日本政府の共同実施及びクリーン開発メカニズムに係る事業の承認に関する指針」

http://www.kantei.go.jp/jp/singi/ondanka/2002/1016sisin.html

第3章
CDMのプロジェクト地域とタイプの偏在

――井筒沙美

クリーン開発メカニズム（CDM：Clean Development Mechanism 以降、CDM）の目的は、京都議定書には、発展途上国の持続可能な発展および温暖化防止に貢献し、先進国の排出削減目標達成を支援することである、と記されている。

一九九七年に京都議定書が採択されてから今日に至るまで、CDM開発は進み、CDMから創出されるクレジット（CER）の国際的な取引市場はますます拡大している。CDMにより、途上国における温室効果ガス削減が促進されたのは確かだろう。しかし、CDMのもう一つの目的である「持続可能な発展」に関してはどうだろうか。本章では、その点を考慮に入れながら、CDMの現状を概観する。

第1節では、CDM開発に「偏り」が生じている現状を報告し、主な原因を考える。第2節では、その課題の解決に向けた取り組みを紹介する。

なお、以下の内容は、個人として記載するものであり、会社の見解を反映させたものではない。

1　CER市場の現状

今日の排出量取引は、京都議定書の下での国際的な取引（CERの取引など）以外に、EU域内排出量取引制度（EU-ETS：二〇〇五年から取引開始。以降、EU-ETS）やオーストラリアのニュー・サウス・ウェールズ温室効果ガス削減スキーム（二〇〇三年から取引開始）に基づく取引、米国のシカゴ気候取引所（自主参加型の取引制度で二〇〇三年一二月から取引開始）での取引や、自主的なカ

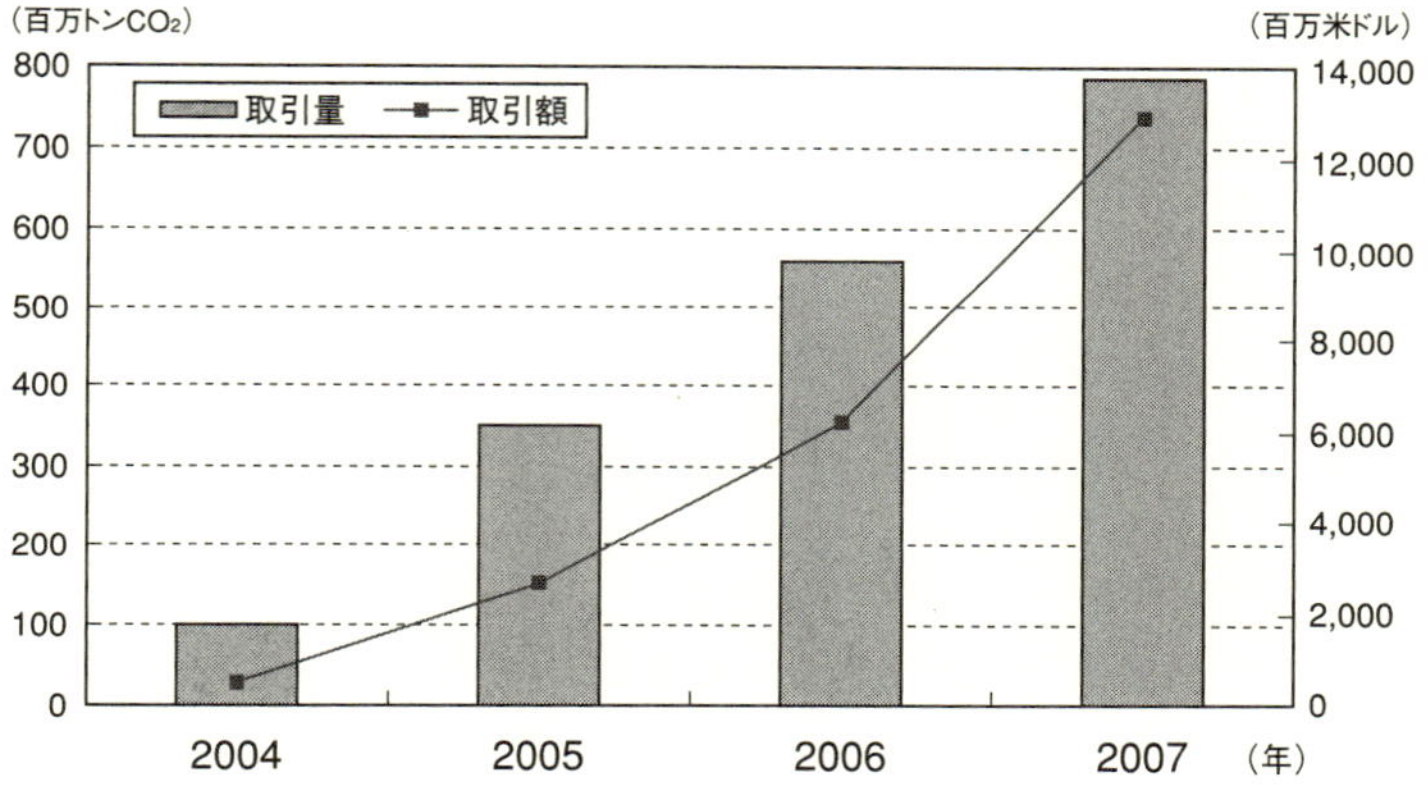

図１　ＣＥＲの取引量と取引額

注：一次CER及び二次CERの合計取引量及び取引額

出所："State and Trends of the Carbon Market 2006"、"State and Trends of the Carbon Market 2007" 及び "State and Trends of the Carbon Market 2008" に基づき筆者作成

ーボン・オフセットのための取引などからなっている。世界銀行の報告（注１）によると、二〇〇七年は世界で三〇億トン弱（二酸化炭素換算）のクレジットが取引された。金額にすると約六四〇億米ドルの取引市場となった。前年と比べて取引量も取引額も増大した（二〇〇六年の取引量は一七億トン強、取引額は約三一〇億米ドル）。

ＣＥＲ取引市場だけをみても、図１に示す通り、二〇〇五年から急成長している。二〇〇七年は全排出量取引市場の二七％近くに当たる八億トン弱のＣＥＲが取引された（ＥＵ－ＥＴＳで利用可能なクレジットであるＥＵＡの取引量が全体の六九％を占める）。

では、どのような買い手がＣＥＲを購入しているのだろう。ＣＥＲのみに限定した買い手に関する情報がないため、ＣＤＭおよびＪＩからのクレジットの取引（二次市場ＣＥＲ取引は除く一次Ｃ

ER五億五一〇〇万トンおよびERU四一〇〇万トンの取引）に関する買い手（政府および民間企業を含む）について、世界銀行が調査した結果をみると、二〇〇七年に購入量が最も多かった国は、前年に続き英国であった（注2）。英国の買い手による購入量は全体の約六割を占める。これは、英国には最終需要家だけではなく、世界各国を相手にクレジットの売買を行うトレーダーなどが存在することが影響している。図2からもわかるように、日本は、二〇〇七年は英国に次いで二番目の京都クレジットの買い手になったが、二〇〇三年から二〇〇五年までは世界で最もCERおよびERUの購入量が多い国であった。これは、必ずしも日本の購入量が減少傾向にあるためではない。二〇〇五年からEU－ETSが開始されたことにより、英国をはじめとする欧州の買い手がCERおよびERUの購入に積極的になった。EU－ETSはEU域内限定の取引だが、排出枠を課された施設は、目標遵守のためにCDMおよびJIからのクレジットも利用することができるのである。

京都クレジットの市場全体が拡大したため、日本の市場占有率は小さくなったものの、二〇〇七年の日本の取引量は約六五〇〇万トンで、一位だった二〇〇三年や二〇〇四年の約二倍である。ただし、二〇〇五年は、二〇〇七年の二・五倍に当たる約一億六二〇〇万トンのクレジットを日本が購入している。この年の日本の買い手の動きについて、世界銀行の報告書には、商社などが転売目的でプロジェクトの開発およびクレジットの購入をしている点が特徴として述べられている（注3）。さらには、推測でしかないが、日本企業が参加する大量のクレジットを生み出すフロン破壊プロジェクトが、二〇〇五年と二〇〇六年で七件登録されているため、二〇〇五年には、それらのプロジェクトから将来発生するであ

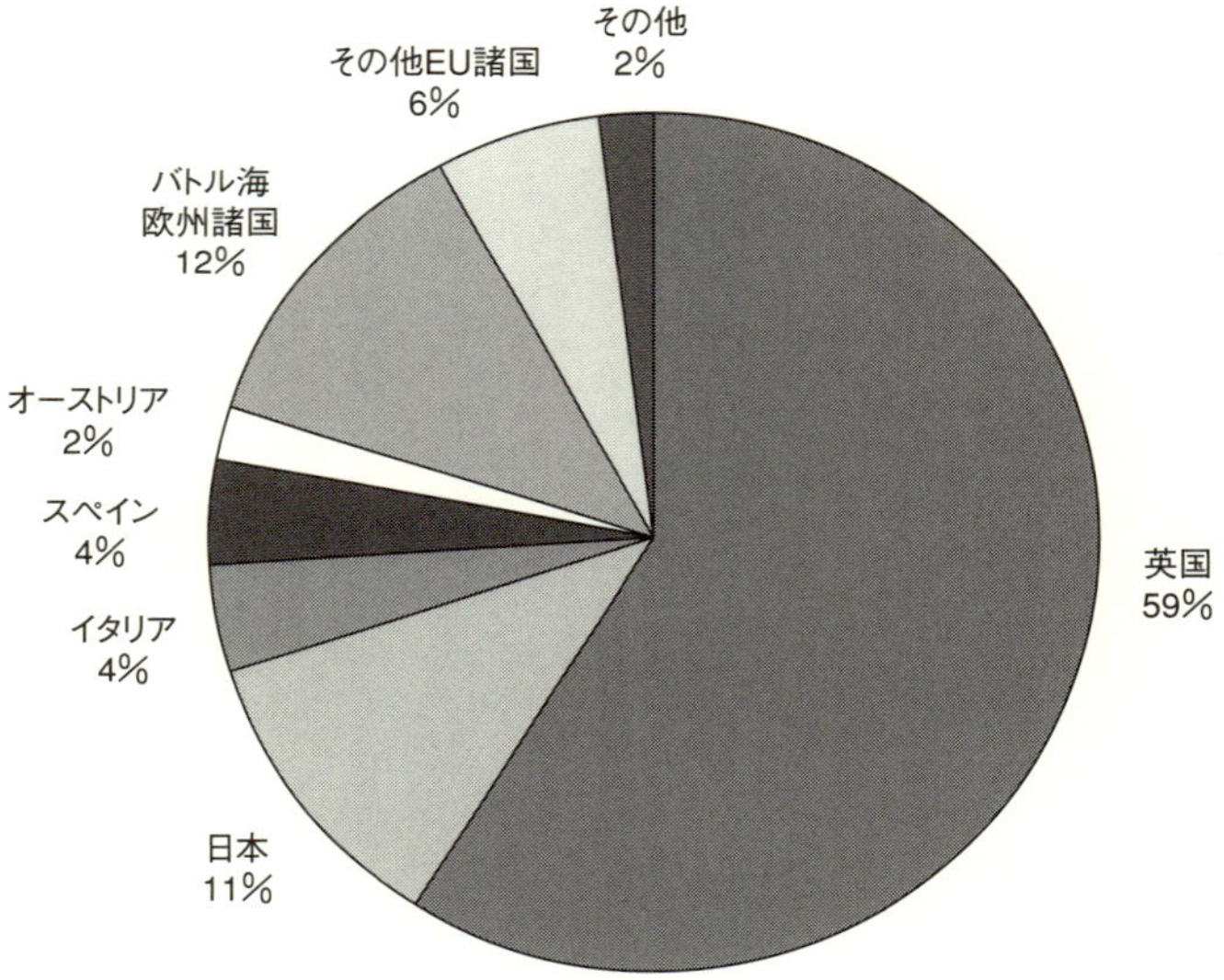

図2　CERおよびERUの買い手　購入量ベース（2007年）
出所：State and Trends of the Carbon Market 2008

ろうクレジットの取引（それも、何年分ものクレジット、例えばクレジットが発行される最初の年から二〇一二年までのクレジットの取引）が集中して行われた可能性があり、その結果、二〇〇五年は、二〇〇三年から二〇〇七年の五年間で日本の購入量が最も多い年となったのかもしれない。

今まで述べてきた「購入量／取引量」とは「購入契約締結量」のことであり、CERおよびERUの購入契約の多くが、クレジットが発行する前に締結される「将来発生するであろうクレジットの契約（先渡し契約）」である。そのため、クレジットが買い手のもとに引き渡されるのは、契約が締結された年より後のことがほとんどである（最悪の場合、ＣＤＭ開発が途中で失敗に終わり、クレジットが引き渡されないこともある）（注４）。つまり、二〇〇七年に日本が買った六五〇〇万トンのクレジットも、日本の政府や企業などの手元にすでにあるわけではない。例えば、二〇〇七年の時点で、まだＣＤＭとして登録されていないプロジェクトから「二〇〇八年から二〇一二年にわたって毎年一〇万トンのクレジットを引き渡す」という契約をしたとすると、「一〇万トン／年×五年＝五〇万トン」が二〇〇七年の購入量としてカウントされるのである。発行済みのクレジットが取引されることもあるが、二〇〇七年末の累積ＣＥＲ発行量は一億トン、ＥＲＵ発行量は〇トンであり、二〇〇七年の取引量（五億九〇〇〇万トン）の六分の一強にしかすぎない。

２　偏在するＣＤＭの現状

ＣＤＭのホスト国

前節の図２で買い手の国別分布をみたが、買い手はどこの国から発生する（また、発生するであろう）クレジットを購入しているのだろうか。つまり、取引の対象となるプロジェクトのホスト国はどこが多いのだろうか。世界銀行の報告によると、二〇〇七年の取引で供給量が最も多かったのは中国であった。同国は二〇〇五年から二位のインドを大きく引き離して一位になっている。図３から、全体的にアジア

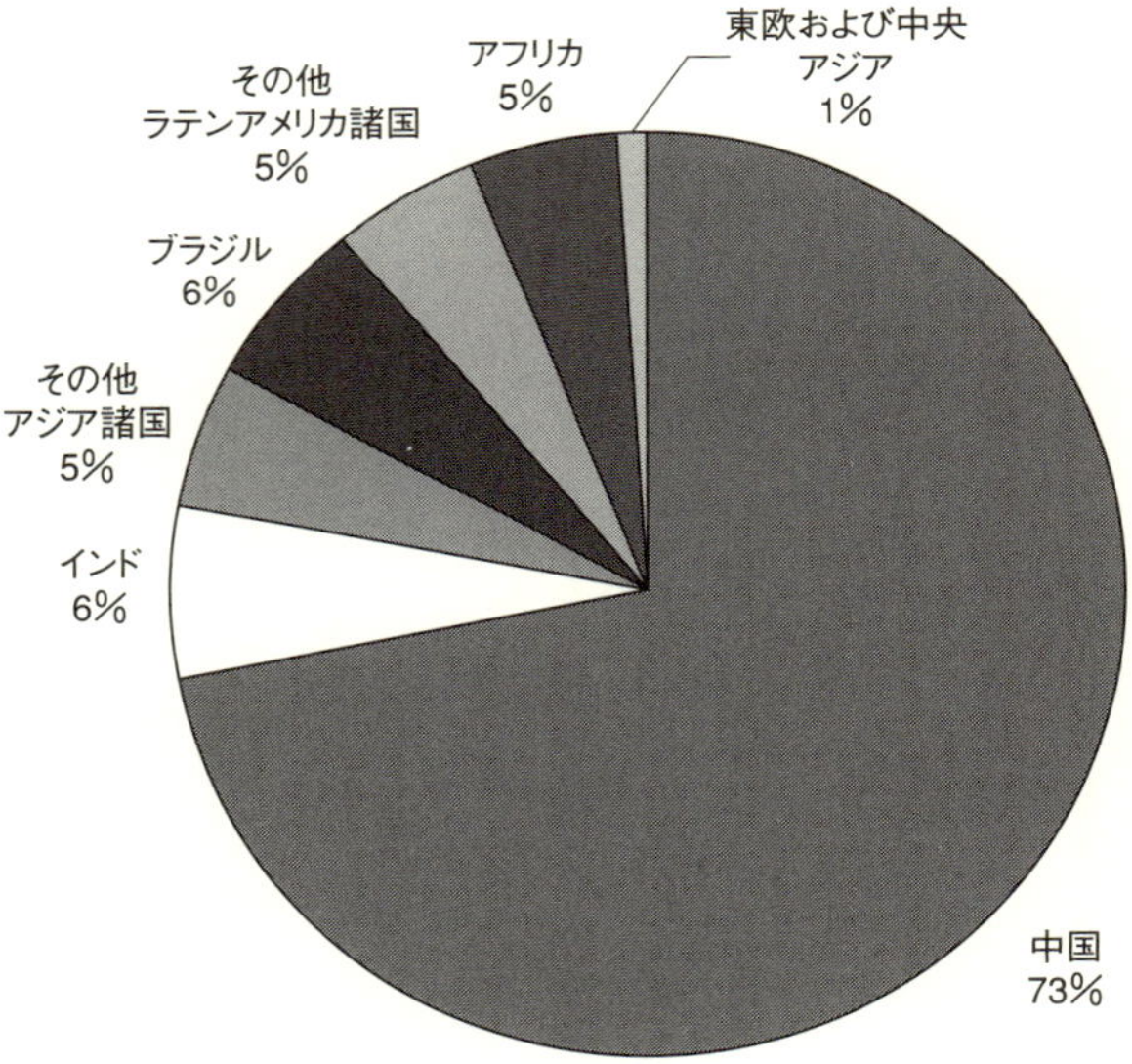

図３　CMDのホスト国　供給量ベース（2007年）
出所：State and Trends of the Carbon Market 2008

のプロジェクトからのクレジットの取引が多いことがわかる。

図３は、排出量取引でのＣＤＭホスト国の傾向であるが、次に、実際のプロジェクト開発の状況をみてみよう（図４）。二〇〇八年六月一一日現在、ＣＤＭ理事会に登録されているプロジェクトは一〇八〇件あり、それら全てのプロジェクトの二〇一二年までの予測削減量（つまり、予測ＣＥＲ量）は合計約一三億トンである（注５）。つまり、計画通りにプロジェクトが進めば、日本の二〇〇六年度の温室効果ガス排出量（約一三億四〇〇〇万トン）（注６）に相当するＣＥＲが二〇一二年までに創出されることになる。

なお、日本政府が、京都議定書目標達成計画の下で購入しようとしている京都クレジット（CERを含む）は、「京都議定書の第一約束期間における削減約束に相当する排出量と同期間における実際の温室効果ガスの排出量（温室効果ガス吸収量控除）との差分」（注7）とされており、つまり、計画通り他の削減対策および国内吸収源活動が行われると仮定した場合、基準年総排出量（一二億六一〇〇万トン）の一・六％にあたるクレジット（毎年二〇〇〇万トン、五年間で合計一億トン）を第一約束期間中に購入することになる。しかし、他の対策での削減が予定よりもうまく実現されなかった場合には、京都クレジットの購入量が増える。そして、京都メカニズムの活用に頼らざるをえない削減量が「合計一億トン」よりも増加する可能性が高い、との見方が強い。実際、例えば、吸収源活動だけをとりあげてみても、二〇〇六年度には目標よりも約一〇〇〇万トン少ない吸収量であった。また、これは日本政府のみの京都クレジットの需要であり、日本全体でみた場合は、民間企業の需要（経団連の下での環境自主行動計画の目標達成のためのクレジット需要）も加わることに留意したい。

登録案件数別では、インドが最も多く全体の三〇％以上を占めている（三四五件）が、年平均予測削減量別では、中国がCDMホスト国の中で突出しており、インドの三倍以上の削減量が見込まれている（中国の登録CDMは二二一件、年平均予測削減量は約一億一一〇〇万トン）。インドは、一件あたりの温室効果ガス削減量の少ない小規模CDM（注8）が多いが、中国は、大量にCERを生み出すHFC23やN_2Oを回収破壊するプロジェクトが多くあるため、順位の逆転が起きている。

図3と図4どちらをみても、CDMが偏在していることがわかる。CDMの世界では、CER取引量

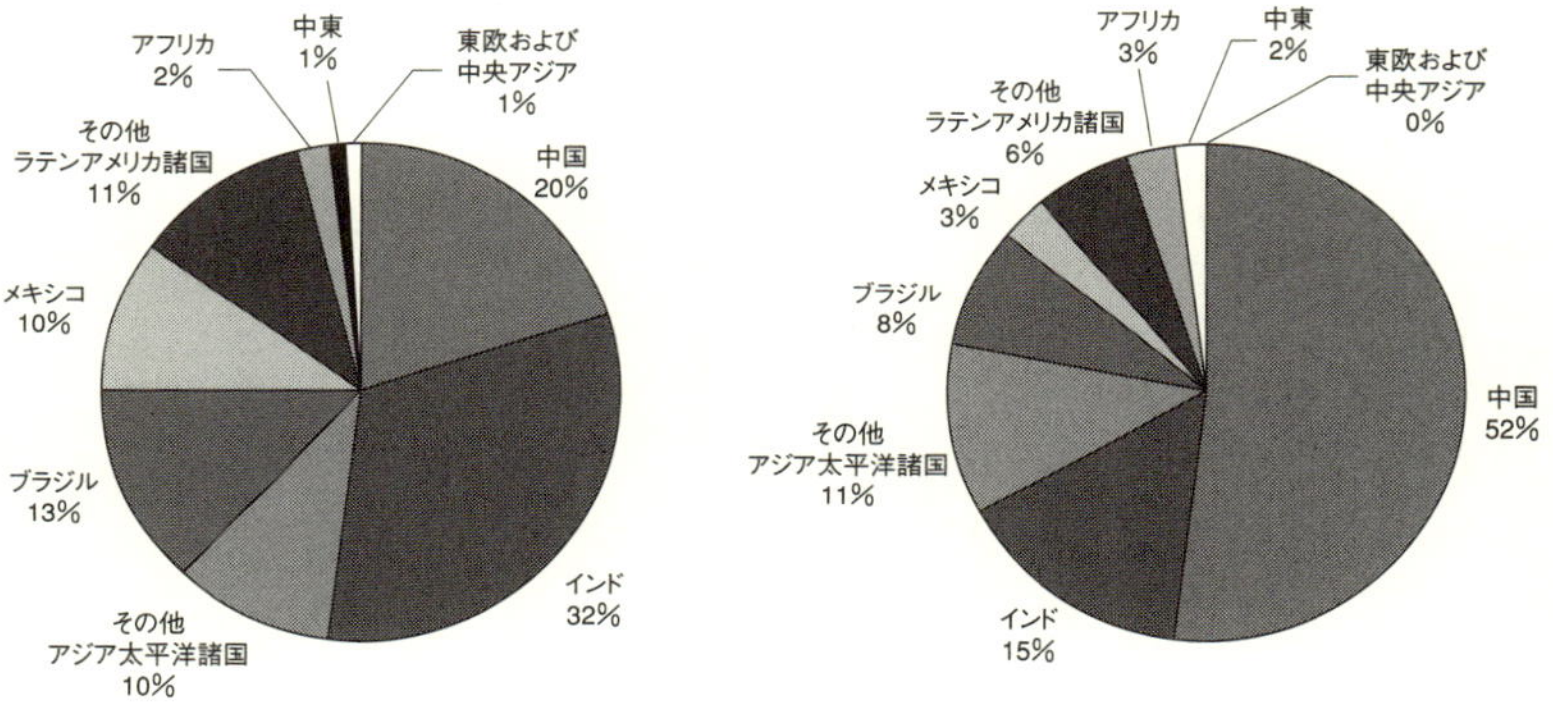

図4　CMDホスト国（両グラフ共に2008年6月11日時点）
登録案件数別（左）と登録案件の年平均予測削減量別（右）
出所：UNEP Risoe Centre CMD pipeline（2008年6月11日）を基に筆者作成

も、CDM登録案件数も、登録案件の年平均予測削減量も、中国およびインドを中心としたアジア諸国が全体の半分以上を占めている。二〇〇七年の取引においては、アジア勢が八割のCERを供給している。ラテンアメリカ諸国も、ブラジルやメキシコなどでは、早くから国内のCDM関連制度整備を進め、アジアには劣るが、プロジェクト開発はかなり進んできている。

それに対してアフリカは、どのグラフをみても五％以下である。二〇〇六年末からアフリカのCDM開発支援が促進された（詳細は一一一ページ参照）結果、徐々にではあるがプロジェクトが増え、取引も増えてきている。それでも二〇〇八年六月一一日現在、アフリカ登録案件は二五件しかなく、さらにその内訳をみると一三件は南アフリカ、九件はエジプト・チュニジア・モロッコの北アフリカの案件で、アフリカの中では産業が比較的発展している国々である。

プロジェクトタイプ

次に、図5をみてほしい。登録されたCDMプロジェクトをプロジェクトタイプ別に分類したものである。案件数では再生可能エネルギーのプロジェクトが、削減量では、HFCやN_2Oなどの非CO_2を削減するプロジェクトが多い。植林／再植林のプロジェクトは、二〇〇八年六月一一日現在、まだ一件しか登録されていない。

世界銀行の報告によると、二〇〇七年の取引においても、植林関連プロジェクトからのクレジットの取引量は、わずか〇・一%であった。最も取引量が多かったのは、省エネまたは燃料転換プロジェクトであった。二〇〇六年まで中心的な取引対象であったHFC23（代替フロンの一種）破壊プロジェクトおよびN_2O破壊プロジェクトからのクレジットは、全体に占める割合が下がった（注9）。これらのプロジェクトのポテンシャルが減ってきたことと、新規HCFC22生産プラントから排出されるHFC23の適切な対応策について結論が出ていないことが影響していると考えられる。

植林／再植林CDMの開発が進まない主要因は、削減量の計算方法およびモニタリング方法が難しいことと、植林／再植林CDMから創出されるクレジットが、通常のCERと異なり、有効期限のついたクレジット（tCER/lCERと呼ばれる）（注10）であることである。まず前者の植林／再植林CDMの方法論に関してだが、現在一〇件承認されている。最初に承認されたのは二〇〇五年一一月で、CDMに

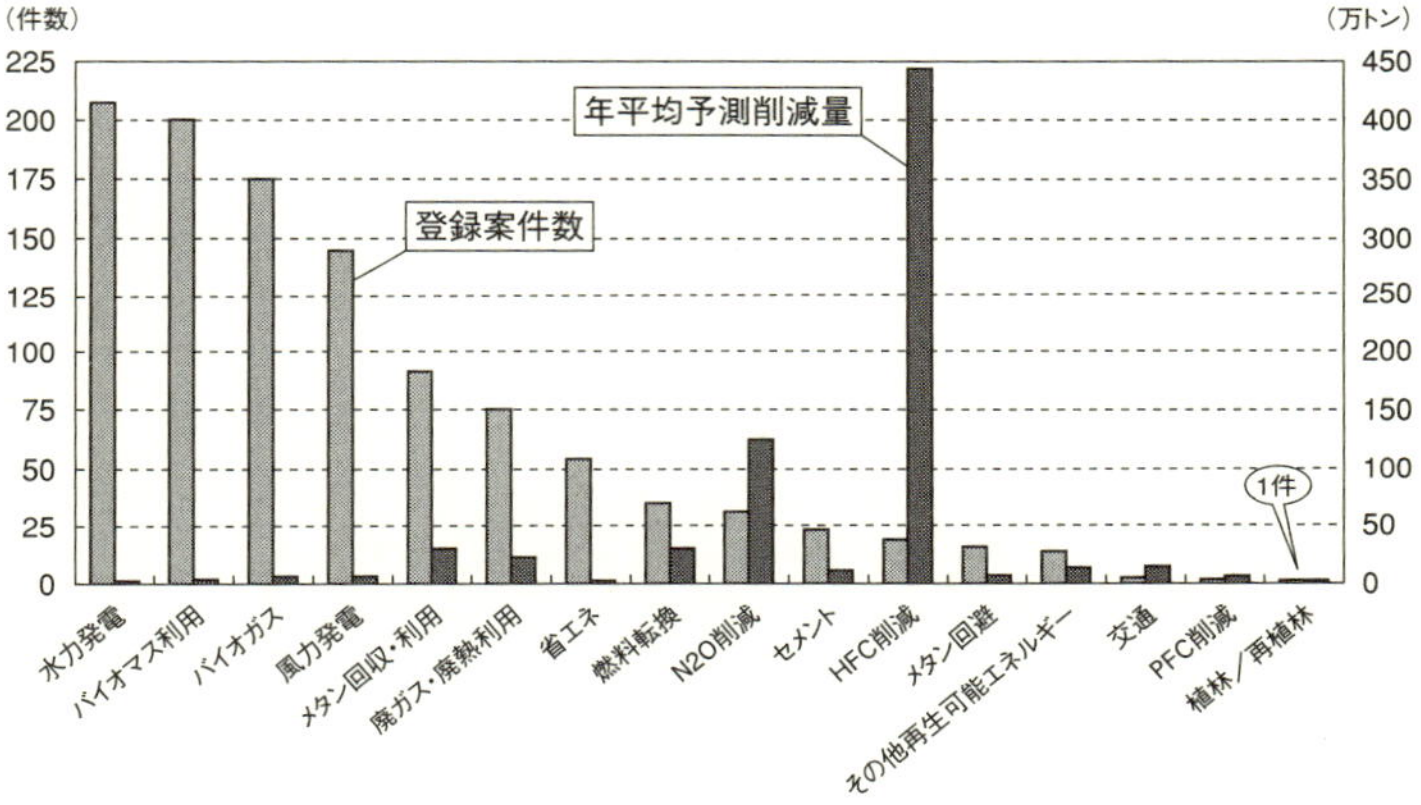

図5　CDMのプロジェクトタイプ（2008年6月11日時点）
登録案件数別（左縦軸）と登録案件の年平均予測削減量別（右縦軸）
出所：IGESの「CDMプロジェクトデータベース（2008年6月20日）」および「プロジェクトデータ分析（2008年6月25日）」を基に筆者作成

登録されている唯一の案件は、その方法論を利用したものである。植林／再植林プロジェクトは、ＣＤＭサイクルでいうと新方法論承認段階をやっとクリアしたか、まだその前の段階のプロジェクトが多いのである。

次に、tCER/ICERは、有効期限の長さに違いはあるものの（注11）、両者とも失効したら、失効したクレジットの全量を他の京都クレジット（注12）で補填しなくてはいけない、という性質を持っている。補填義務が誰にあるのかは明確ではなく、tCER/ICERの利用者が補填しなければならない可能性もある。そのため、tCER/ICERはクレジットの需要家に人気がない。二〇〇六年から開始された日本政府による京都クレジットの取得事業においても、植林／再植林ＣＤＭからのクレジットは対象外になっており、ＥＵ－ＥＴＳにおいても、tCER/ICERは利用できない。需要がないため、通常のＣＥＲと比べて、半額以下の値段しか現在はつかない状況にある。そして、クレジットの単価が安いと、プロジェクトの経済性が悪くなってしまい、プロジェクト実施に踏み切るのが難しくなる。

以上二点以外に、植林／再植林プロジェクトは、植林／再植林するのに時間を要する上に、植林直後は二酸化炭素の吸収量が少ないことなども、同種のＣＤＭ開発の阻害要因になっている。植林／再植林ＣＤＭに限ったことではないが、第一約束期間終了後の国際的な枠組みが不透明な現段階では、二〇一二年までのクレジットしか購入したがらない買い手が多いため、第一約束期間開始直後の今から植林活動を始めたのでは採算が合わない。

3　偏在の主な原因――ビジネスとしてのＣＤＭ開発

ホスト国とプロジェクトタイプが偏向している理由として、ＣＤＭが市場メカニズムを利用した仕組みである点が考えられる。排出削減量に市場価値がつき、ＣＤＭが「環境貢献」「発展途上国支援」ではなく、むしろ一つのビジネスとしてとらえられるようになった。

登録ＣＤＭプロジェクトの全件数の二％しかないアフリカは、政治的に不安定な国も多かったり、政府が未熟だったり、一般的なインフラも国内のＣＤＭ制度も十分に整備されていなかったり、投資環境が全般的に悪い。また、アフリカ諸国など、産業が発展していない国々でＣＤＭを行おうとすると、植林／再植林プロジェクトか小規模プロジェクトが主なポテンシャルだといわれている。しかし、植林／再植林CDMは、CDM化が難しい上に、植林の進捗も削減／吸収量も天候などに左右されるため、実際のCER量は予測から大幅にぶれる可能性が高い。小規模CDMは、建設費などの事業開発費以外に、小規模であっても、通常の規模のCDMとほぼ同じ額のCDM化のコストがかかってしまうため、少量のCERによる収益では採算が合わないことがしばしばある。

ビジネス的観点からすると、投資環境が悪い国や、リスクが高かったり、経済性が悪かったりするプロジェクトには、融資や投資は行いたくないのが通常である。CDMも同じなのである。事業者がたとえファイナンスの問題をクリアしても、CERの販売において新たな壁にぶち当たる。tCER/lCERは、前述の通り、欲しがる買い手がほとんど市場におらず、他のプロジェクトタイプであっても、CER発行前の先渡し契約ではデリバリーリスク（つまり、予定量のクレジットが買い手に引き渡されない可能性）の高いクレジットは、買い手がなかなかみつからなかったり、リスク分を割り引いて平均よりも安い価格で買われたりしてしまう。また、多くのクレジットを確保したい買い手からは、少量を複数案件から購入するのは取引コストや手間がかかり効率的ではない、とみなされる場合が多い。クレジット創出ビジネスでも、他の製造業と同じく、売れないとわかっている商品を生産しようとする事業者はいない。

持続可能な発展への貢献という観点からは、採算性が悪かったり、リスクが高かったりしても、今まで海外投資が行われなかった後発開発途上国などで、温暖化防止以外の環境保全や、雇用創出、金銭収

◉コラム3
ユニラテラルCDM

CDMプロジェクトの地域の偏在とプロジェクトタイプの偏りが、CDMの本質（即ち、市場メカニズムに基づき設計された制度であるということ）に一部起因していることを述べたが、CDMの考案者たちが想定していなかっただろうもう一つの「CDMの実態」がある。それは、「ユニラテラルCDM」と呼ばれ、先進国の政府または民間組織の関与がなく、発展途上国の事業者のみでプロジェクトを形成するタイプのCDMである。

二〇〇四年、途上国のみで開発したプロジェクトがCDM理事会に登録申請されたのを契機に、ユニラテラルCDMは認められるべきか否か、長らく議論された。途上国のみでCDMプロジェクトを実施することはできない、とは京都議定書に規定されていないが、CDMのコンセプトに反する（注13）、と主張する者もいた。

しかし、CDM理事会は二〇〇五年二月の会合で、途上国のみが開発したプロジェクトもCDMとして登録可能であることを合意し、ホンジュラスのCuyamapa小規模水力発電プロジェクトが、先進国側からの参加がないプロジェクトでは初めてCDMとして認められた（注14）。その後、インドとブラジルを中心にユニラテラルCDMが増えていった。インドは、二〇〇八年六月の時点では、三四五件の登録CDMプロジェクトのうち六割弱がユニラテラルCDMである（注15）。

CDMは、先進国と途上国が協力して温室効果ガスを削減する仕組みとしてつくり出されたが、実際は、インドのように資金力や技術を有している途上国の事業者にとって、自らプロジェクトを開発し、出来上がったクレジットを先進国政府や企業に販売する、新たなビジネスチャンスになったのである。二〇〇八年六月の時点では、登録CDM案件の三割程度がユニラテラルCDMである。

　さらに、ユニラテラルCDMは、PDDの「プロジェクト参加者」の欄に、先進国側の参加者が記入されていない場合だが、PDDに先進国側の参加者が記入されていても、当該参加者はプロジェクト開発に全く関与せず、クレジットの購入のみを行うケースもある。そのため、先進国抜きで開発されたCDMプロジェクトは実際、正確な数を把握することはできないが（注16）、半数を超えているとの予測もある。

　ユニラテラルCDMでは、それまでCDMの要素と一般的に考えられていた先進国からの技術移転や資金援助（注17）は実現されないが、排出削減と途上国の発展には貢献している。CDM開発という新たなビジネスチャンスが生まれ、CDMプロジェクトが新たな雇用を生み、今まで国際市場にアクセスできなかった企業などがCDMを通して国際市場に参加できるようになった。しかし、特に後発開発途上国（LDC：Least Developed Countries）が多い東南アジアの一部やアフリカでは、技術力や資金力不足により、温室効果ガスの排出削減がもたらす将来の収益だけでは、プロジェクトの実現にこぎつけないケースも多い。

　CDMを、途上国の企業などが自力で排出削減プロジェクトを実施できる地域や事業者だけではなく、さらなる貧困層や地域もその恩恵に与することができる仕組みにすることはできないものだろうか。

入源の確保などの地域社会へのメリットが期待できるプロジェクトが評価され、推進される仕組みが望ましい。例えば、近隣の木を違法伐採して木炭として利用している貧困地域の家庭に太陽熱を利用した調理器（ソーラークッカー、Solar Cooker）を普及させるプロジェクトや農村地域でのバイオガス・ダイジェスターの設置プロジェクトなどが考えられる（期待できるメリット：排出削減、森林破壊の防止、家の中の空気汚染の緩和、雇用創出、燃料の購入費の節約、薪を取りに行く時間の節約、健康への悪影響の緩和など）（注18）。しかし、CDMがビジネス化した現状では、経済がある程度発展しており政治も安定している国や、安い投資で大量のCERが得られるHFC23破壊事業やN_2O破壊事業などが（注19）、事業者の目に魅力的に映る。特に民間企業は、営利を目的としているため、採算性やリスクを考慮して事業を実施することは自然なことだろう。CDMという仕組みは、CERという新たな収入源を生み出したことで、温室効果ガス削減事業を途上国で実施するインセンティブを与えることはできたが、企業が採算度外視でも途上国の持続可能な発展に寄与するプロジェクトを優先するようになるなど、企業の経営方針やあり方までを変えるものではなかったということだろうか。

4　偏在するCDM開発に対する課題と取り組み

前節で、不均衡なCDM開発の状況を概観した。このような現状を改善するため、世界銀行は、自ら主導して設立した炭素基金を通して日の当たりにくい小規模CDMやアフリカのプロジェクトの開発を促進させようと取り組んでいる。また、国際的にも、二〇〇五年末にカナダで開催された第1回京都議定書締約国会合（COP／MOP1）において、CDMの衡平な地域分散が論点となり、二〇〇六年一一月にケニアで開催された第2回京都議定書締約国会合（COP／MOP2）で、具体策が提案された。

以下では、それらの取り組みを紹介する。

世界銀行の取り組み

世界銀行は、世界で最初の炭素基金「プロトタイプ・カーボン・ファンド（ＰＣＦ：Prototype Carbon Fund)」を二〇〇〇年四月から運営している。世界銀行の炭素基金の仕組みは、政府機関や民間企業から基金に出資してもらい、基金は発展途上国や東欧などでＣＤＭ／ＪＩプロジェクトの開発を支援し、それらのプロジェクトから生まれるクレジットを、出資金を基に購入する。そして、出資者に、配当金の代わりにクレジットを分配する、というものである（図６参照）。

二〇〇七年三月には、欧州投資銀行と共同で、「ヨーロッパのための炭素基金（Carbon Fund for Europe 以降、ＣＦＥ)」を設立した。二〇〇八年八月現在では、ＣＦＥを含め一二のファンド（以下参照）を世界銀行が運営している（注20)。

・Prototype Carbon Fund（出資総額：一億八〇〇〇万ドル）
・BioCarbon Fund（出資総額：第一ファンド五三八〇万ドルと第二ファンド三六一〇万ドル）（注21)
・Community Development Carbon Fund（出資総額：一億二八六〇万ドル）
・Italian Carbon Fund（出資総額：一億五五六〇万ドル）

・The Netherlands CDM Facility（出資総額：非公開）
・The Netherlands European Carbon Facility（出資総額：非公開）
・Danish Carbon Fund（出資総額：七五四〇万ドル）
・Spanish Carbon Fund（出資総額：二億二〇〇〇万ユーロ）
・Umbrella Carbon Facility（出資総額：九億九八八〇万ドル）
・Carbon Fund for Europe（出資総額：五〇〇〇万ユーロ）
・Forest Carbon Partnership Facility（出資者募集中）
・Carbon Partnership Facility（出資者募集中）

世界最初の炭素基金であるプロトタイプ・カーボン・ファンドは、排出量取引市場において、世界銀行というネーム・バリューと大量購入できるスキームの利点を活かしクレジットの購入を進める過程で、同ファンドが市場を先導するのではなく、他のクレジットの買い手にとって妨げとなっていると非難する声があがってきた。また、同ファンドがクレジットを購入する契約を締結したブラジルのPlanterプロジェクト（ユーカリのプランテーションを実施し、銑鉄製造工場での燃料をコークスから木炭に代替するプロジェクト）が環境NGOからの批判を浴びた。ユーカリのプランテーションが地域環境に悪影響を及ぼすリスクがあることや地域住民が利用していた共有地を奪うことになってしまう点など社会面に与える悪影響が指摘された。

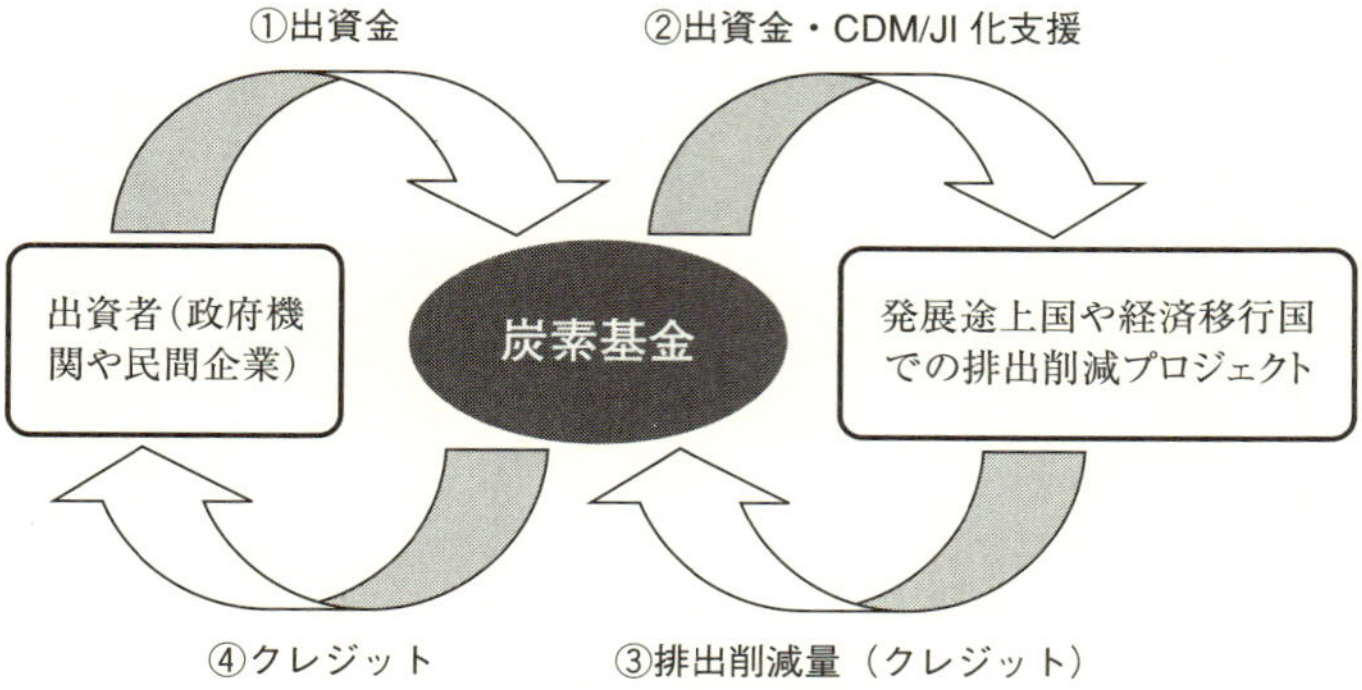

図6　世界銀行の炭素基金の仕組み

そのような背景の中、途上国の持続可能な発展にとりわけ重きを置いたファンドとして、「コミュニティ開発炭素基金（Community Development Carbon Fund 以降、ＣＤＣＦ）」と「バイオ炭素基金（BioCarbon Fund 以降、Bio CF）」が立ち上げられた。

ＣＤＣＦは、途上国の中でも特に貧しい国と地域における地域社会および環境への貢献が明らかなＣＤＭプロジェクトからのクレジットを対象にしており、二〇〇三年三月から運用されている。具体的には、温室効果ガスの削減が行われると同時に、女性の雇用の増加、浄水へのアクセス、保健衛生の改善などが期待できるプロジェクトからクレジットを購入している。九政府と一六企業（うち、日本企業は五社）が、合計一億二八六〇万ドル出資している。二〇〇七年の年次報告書によると、二〇〇七年八月末時点において、ＣＤＣＦの候補案件は二五件（注22）あり、約八九〇万トンのクレジットをＣＤＣＦが入手する交渉を行っている。金額にすると約七六三〇万ドルに相当する（注23）。それら二五件の地域分布およびプロジェクトタイプは

図７の通りである。ＣＤＣＦはクレジット購入価値ベースで全体の二五％以上を国際開発協会（ＩＤＡ：International Development Association）が認定した最貧国（ＩＤＡ融資適格国およびブレンド国）（注24）および国連が認定した後発開発途上国などの優先国から購入することを約束している。

Ｂ・ｉｏ ＣＦは、植林／再植林ＣＤＭなどの土地利用の改善や森林に関連したプロジェクト（ＬＵＬＵＣＦ：Land Use, Land Use change and Forestry 以降、ＬＵＬＵＣＦ）からのクレジットを対象にしたファンドである。世界の全CO_2排出量の二〇％は、森林破壊によるものであるため、ＬＵＬＵＣＦプロジェクトは、地球温暖化防止に有効な対策と、世界銀行は考えている。世界銀行は、これらのプロジェクト開発に力を入れることで、同種のプロジェクトのノウハウ（例えば、ベースライン＆モニタリング方法論など）を構築、普及させ、また途上国の農村地域も排出量取引市場にアクセスする機会が得られるようになることを目指している。

Ｂ・ｉｏ ＣＦの目的は、地球温暖化防止だけではなく、同時に、生物多様性保全、砂漠化防止や土壌回復など、他の環境問題解決にとってもプラスになり、途上国の地球温暖化への適応能力を向上させ、雇用創出や収入増加などの社会貢献も行われることである。二〇〇四年三月から運用が始まった第一ファンドには、四政府（カナダ、イタリア、ルクセンブルグ、スペイン）と一公的機関（フランス開発庁）、および九の民間団体（うち、日本からは七社と一業界団体）が五三八〇万ドル出資している。また、二〇〇七年三月から運用が始まった第二ファンドには、二政府（アイルランド、スペイン）、一公的機関（フランス開発庁）および四民間団体が三八一〇万ドル出資している（注25）。

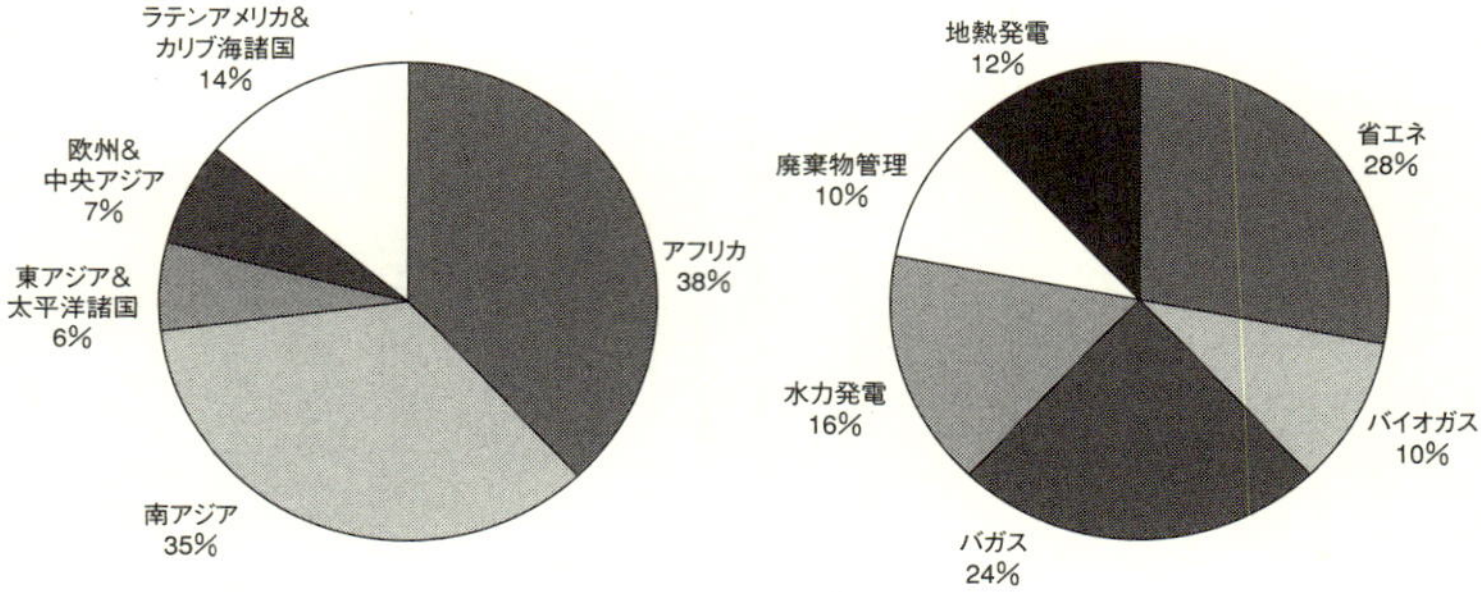

図7　CDCFのポートフォリオの地域分布（左）およびプロジェクトタイプ（右）
2007年8月31日時点。ドルベースによる比較。
出所：Carbon Finance for Sustainable Development 2007

二〇〇七年の年次報告書によると、二〇〇七年八月末時点において、第一次ファンドは一八件の候補案件があり（うち一五件とは、クレジット購入契約を締結済み）、それらのプロジェクトから合計五三〇万トンのクレジットを購入する交渉をしている。全て購入した場合、合計約二二〇〇万ドル相当になると見積もられている。一八件の地域分布（図8）をみると、ラテンアメリカおよびカリブ海諸国についでアフリカが多くを占めている。

世界銀行が運営管理するファンド全体でみると、二〇〇七年八月末時点では、候補案件一二七件からの合計約一九億一〇〇万ドル相当のクレジット（約二億三五〇〇万トン）のうち、アフリカ地域からのクレジットが占める割合は五%と少ない。また、森林関連のプロジェクトも、全プロジェクトタイプの二%と非常に限定されている（注26）。しかし世界銀行は、CDCFやBio CFを通じて、民間企業がなかなか手を出せないような地域（後発開発途上国、特にアフリカ）やプロジェクトタイプ（植林／再植林などのLULUCFプロジェクト）のプロジェクト開発を進めている。世界銀行は二〇〇二年に、どのようなCDMプロジェクトが持続可能な発展により貢献するか、地域、プロジェクト規模、プロジェクトタイプごとに調査分析した。その結果、貢献度がより高いのは、「後発開発途上国」における「小規模」の「地域植林およびソーラー住宅制度」である、という結論に至った（注27）。CDCFやB·io CFが対象としているのは主に、その調査結果により「持続可能な開発への貢献度がより高い」とされたプロジェクトである。

さらにCDCFやB·io CFでは、案件選定の際に、プロジェクトの社会経済や環境への貢献度に重きを置いて評価している。世界銀行の全ての炭素基金が、全プロジェクトに対して、必要最低条件としてホスト国が定義する持続可能な発展に資すること、提案時には環境および社会経済への貢献に関する説明、かつ実施においては、世界銀行グループのセーフガード政策（強制移住、自然生息地、森林、先住民族、環境アセスメントなどに関する基準）の遵守を求めている。

しかしそれだけではなく、CDCFは、プロジェクト提案時に「地域貢献に関する質問表（10項目）」（注28）の提出も追加的に求めている。そして、最初の審査を通過すると、事業提案者は「地域貢献計画」を策定しなければならない。また、プロジェクトの実施開始後は、地域貢献に関する第三者審査も行われる。B·io CFでは、提案書の審査が通過した後に提出するプロジェクトの詳細書類において、事業者は、環境へのメリットとリスクについて一一の質問と、地域へのメリットとリスクについて一八の質問に答えなければならない（注29）。CDCFもB·io CFも、ホームページに掲載されているプロジェクト紹介に、前者は「地域貢献計画」について、後者は環境および社会経済へのメリットとリス

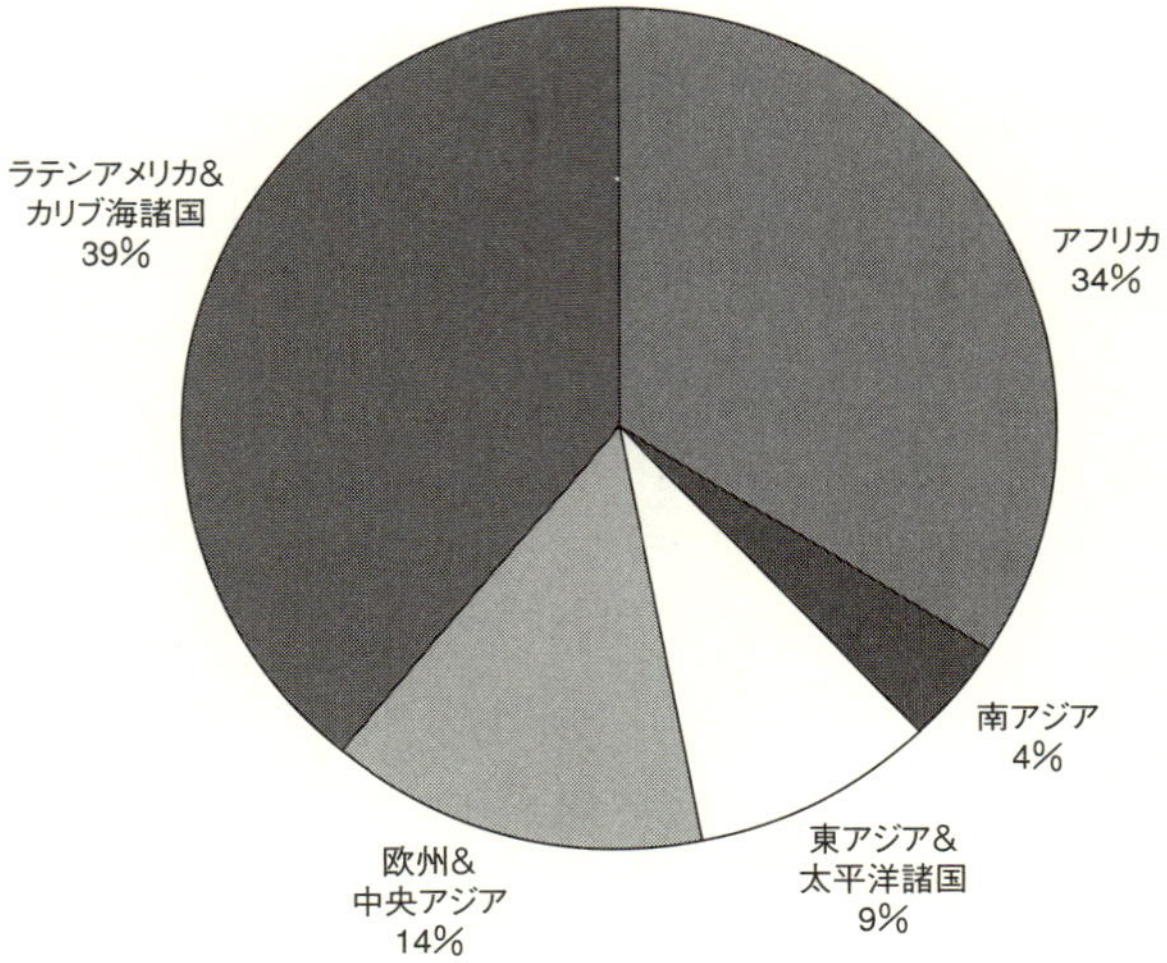

図8　Bio CFのポートフォリオの地域分布
2007年8月31日時点。ドルベースによる比較。
出所：Carbon Finance for Sustainable Development 2007

クについて、概要が説明されている（注30）。

持続可能な開発だけではなく、特に植林／再植林ＣＤＭに関しては、世界銀行がベースライン・モニタリング方法論の開発に大いに貢献している。Ｂｉｏ ＣＦの運営が開始された二〇〇四年五月の時点では、一つも承認済み方法論がなかった。二〇〇八年六月現在は、一〇件植林／再植林ＣＤＭの方法論が承認されているが（一件の統合方法論を含む）、第一号方法論を含め六件が、世界銀行が提案した方法論である。ＣＤＭの方法論だけではなく、吸収量を概算するためのツールの開発や、森林関連プロジェクトを行う際に役立つ情報の提供なども積極的に行っている（注31）。また、tCER/lCERの買い手は非常に少ないといわれているため、tCER/lCERの市場形成において世界銀行が果たしている役割も大きい。

しかし、ＣＤＣＦおよびＢｉｏ ＣＦも、排出削減または吸収が実現してから削減量または吸収量に対して金を支払う仕組みであり、基本的にクレジット購入費用の前払いは行わない（注32）。プロジェクト開発費用はプロジェクト開発事業者が準備しなければならないが、プロジェクトリスクが高いプロジェクト（例えば植林または再植林プロジェクト）で、かつ信用リスクも高い事業者に対しては融資や投資も得にくいため（前節参照）、資金力のない事業者には大きな障害になる。ＣＤＣＦに関しては情報が少なく確認がとれなかったが、Ｂｉｏ ＣＦでは、クレジット購入契約（ＥＲＰＡ）を締結しているプロジェクトのほとんどが、地元の公的機関が開発や融資に関与しているものであった（注33）。植林／再植林ＣＤＭは、たとえ買い手が存在しても、政府や公的機関による開発支援なくしては、ＣＤＭ市場に参入するのは厳しいのが現状だろう。

国連レベルでの取り組み

ナイロビ・フレームワーク

二〇〇六年一一月にケニアで開催されたＣＯＰ／ＭＯＰ2において、アナン前国連事務総長が、発展途上国、特にサブサハラ・アフリカのＣＤＭへの参加促進を目的に、「ナイロビ・フレームワーク」の立ち上げを発表した。このイニシアティブは、国連開発計画（以降、ＵＮＤＰ）、国連環境計画（以降、

ＵＮＥＰ)、世界銀行グループ、アフリカ開発銀行、気候変動枠組条約運営組織が主導する。ナイロビ・フレームワークの目標は下記の通りである。

①ホスト国においてＣＤＭ制度を運用管理する指定国家機関（以降、ＤＮＡ）のキャパシティ・ビルディングと強化を行う。

②ＣＤＭプロジェクトの開発能力を高める。

③プロジェクトへの投資機会を促進させる。

④情報共有や活動に関する意見交換などを促進させる。

⑤国際機関同士の連携を強化する。

実際に、例えば世界銀行は、ボツワナのＤＮＡ設立を支援したり、運輸ＣＤＭの方法論を開発したり、ＵＮＥＰも世界銀行とともにサブサハラのフランス語圏の七カ国で植林プロジェクトを開発支援したり、サブサハラ・アフリカ五カ国でエネルギー分野のＣＤＭに関するキャパシティ・ビルディングを行ったりしている。また、前述④の情報共有に関しては、二〇〇七年九月五日から開始された「ＣＤＭ Bazaar（http://www.cdmbazaar.net/）」が一例である。ＣＤＭ Bazaarは、ＣＤＭのクレジットの買い手と売り手、ＰＤＤコンサルタントなどの関連サービスの提供者が、情報交換するネット上のプラットフォームである。ナイロビ・フレームワークとは別の経緯で設立されたものだが、ナイロビ・フレームワークのコンセプトにも合致している。さらに、各国のＤＮＡが情報交換を行う場であるＤＮＡフォーラムの第三回目を、二〇〇七年一〇月にエチオピアで開催し、アフリカ諸国のＤＮＡのキャパシティ・ビルディングを図った。

このような取り組みの成果が、今後どれだけ表れるのか気になるところだ。二〇〇七年一二月にバリで開催された第3回京都議定書締約国会合（COP／MOP3）において、同フレームワークの立ち上げ後一年間の最初の具体的な成果は、UNDPおよびUNEPによるサブサハラ・アフリカの六カ国を対象としたCDMキャパシティ・ビルディング共同プロジェクトであると報告された（注34）。それと同時に、国際機関による新たな協働プログラムが提案された（注35）。協働することで、重複を避け、お互いの強みを活かしてシナジー効果を上げることを目指す。本プログラムでは、まずDNAの創設（最低一一カ国で）および強化、（ブラジル、インドや中国などとアフリカ諸国間の）南南協力の促進、セクター別の排出削減ポテンシャルの調査、具体的なプロジェクトのファイナンスの相談、アフリカにおいてキャパシティ・ビルディングを行える地元の団体の選定などを実施していく計画である。

国連レベルの取り組みではないが、英国政府も、二〇〇七年一二月に、自国の金融機関と組んでアフリカCDM開発を進める“African Springboard Initiative”を設立した。また、ノルウェーも現在、アフリカCDMに関心を示している。

新しいCDMの形：プログラムCDM

二〇〇五年末、カナダで開催されたCOP／MOP1において「あるプログラムの下で実施する複数のプロジェクト活動は、一つのCDMプロジェクト活動として登録することができる」という合意がなされた。「プログラムCDM」、正式には「プログラムの下でのプロジェクト活動（project activities under a programme of activities）」の誕生である。

この「プログラムCDM」は、大型のプロジェクトのポテンシャルがないような国や地域でのCDM開発や、大量削減が期待できないような省エネなどのプロジェクトタイプの促進にとって有効な制度となる可能性があるとして、制度ができた当初は期待されていた。

「プログラムCDM」は、同じプロジェクトタイプで、同じベースライン・モニタリング方法論を適用できる案件を、複数箇所（一国内に限らず、複数国での実施でもよい）で実施する場合に利用することができる。通常であれば、個々のプロジェクトをCDMとして登録しなければならないが、「プログラムCDM」では、「活動実施プログラム（Programme of Activities）」をCDMとして最初に登録すれば、その後はプログラムの有効期間（二八年以内。植林／再植林プロジェクトの場合は六〇年以内）であれば、いつでもいくつでもプログラムに沿ったプロジェクトを追加することができるようになる（個々のプロジェクトはCDM登録の手続きはいらないが、プログラムに追加可能かのDOEによる審査はある）。

具体的にどのようなプログラム／プロジェクトが考えられるのか。例えば、省エネ型エアコンを普及させるプログラム、CFC大型冷却装置から高効率のHFC冷却装置に替えるプログラム、白熱電球から電球系蛍光灯への転換プロジェクト、家庭でのソーラークッカー設置プロジェクト、ある特定業界の工場でのエネルギー最適化プロジェクトなどが現在開発または検討されている。

家庭での省エネ、工場でのエネルギーの効率向上、省エネ製品の普及などのプロジェクトは、一件当たりの削減量が少なく、通常のＣＤＭプロジェクトとして実施しようとすると採算性が非常に悪く実現が困難だが、「プログラムＣＤＭ」を利用することで、ＣＤＭ化の労力とコストを減らすことができる。また、今までもＣＤＭプロジェクトをバンドリングする（一つにまとめる）ことは認められていたが、バンドリングの場合は、ＣＤＭ登録の際に実施するプロジェクトが全て確定しなければならないが、「プログラムＣＤＭ」の場合は、実験的にプログラムの下でプロジェクトを一件実施してみてうまくいけば、その後徐々にプロジェクトを増やしていくことができるという柔軟性もメリットであろう。前述の通り、いくつものメリットがある制度ではあるが、残念ながら開発は進んでおらず、二〇〇八年九月時点では、有効化審査段階の事業が五件あるのみで、登録された案件はまだ一件もない。

ＣＤＭルールの見直し

地域偏在を是正するために、ＣＤＭルールの細かい修正が行われたり、新たな方法論が承認されたりしている。

後発開発途上国におけるＣＤＭは、発展途上国の適応策（注36）の費用に充てるために課徴される途上国適応支援収益分担金（注37）（SOP-Adaptation：Share of Proceeds to assist in meeting costs of adaptation）の納入義務を免除されている。また、二〇〇七年一二月にバリで実施されたＣＯＰ／ＭＯ

Ｐ３で、ＣＤＭ登録料（注38）およびＣＤＭ理事会の運営管理費に充てられる分担金であるSOP-Admin（ＣＥR発行時に通常支払われる）（注39）も免除されることが決定された。

小規模の植林／再植林ＣＤＭについても、SOP-Adaptationは免除されており、かつＣＤＭ登録料およびSOP-Adminも減額することになっている。

また、非再生可能バイオマスから再生可能バイオマスに変換する小規模ＣＤＭの方法論が二〇〇八年最初のＣＤＭ理事会で承認された。同方法論を適用できるプロジェクトのポテンシャルは、燃料として木炭や薪を使うことが多い後発開発途上国での持続可能な発展への寄与も大きい。

プロジェクトタイプの偏りをなくすためのルールの見直しも行われている。例えば、エネルギー効率向上プロジェクトの開発促進のために、同タイプの小規模ＣＤＭの定義（注40）がＣＯＰ／ＭＯＰ２にて、「エネルギー消費量の削減が最大年間15ＧＷｈのプロジェクト」から「60ＧＷｈ」に引き上げられた。上限が緩和されたことにより、簡易な手続きと方法論を利用できる対象プロジェクトが広がった。

また、小規模植林／再植林ＣＤＭの方法論を適用できる対象プロジェクトも広げられた。ラテンアメリカおよびアフリカの多くの国々が改善を求めた結果、ＣＯＰ／ＭＯＰ３において、小規模対象となるプロジェクトの年間排出削減量の上限値が「8,000t-CO_2」から「16,000t-CO_2」に改定された。植林／再植林プロジェクトの開発促進だけではなく、ＣＤＭプロジェクトの偏在の緩和にもつながることが期待される。

日本政府の取り組み――コベネフィット型ＣＤＭ

二〇〇七年、日本政府は「地球温暖化対策およびＣＤＭを通じたCo-Benefitの実現に係る検討会」を設置し、発展途上国の開発促進と温暖化対策を同時に実現できるコベネフィット型の対策およびＣＤＭを調査検討した。二〇〇七年五月に発表された「美しい星50」でも、コベネフィット型の温暖化対策が検討項目の一つとして挙げられている。

コベネフィット型温暖化対策は「地球温暖化対策を行うと同時に、開発のニーズを満たすことの出来る取組」と定義されており、コベネフィット型ＣＤＭは、「温室効果ガス削減などを行うと同時に、種々の開発のニーズを満たすことの出来るＣＤＭプロジェクト」と定義されている（注41）。具体的には、交通、汚水処理、コンポスト化、鉄鋼・セメントなどの製造工程改善、発電所の修復、バイオガス利用のプロジェクトなどが、コベネフィット型ＣＤＭに適していると考えられる。

検討会は、コベネフィット型の温暖化対策およびＣＤＭは「今後の途上国に対する温暖化対策支援のアプローチとして有益」であると結論づけている。そして、そのような対策やＣＤＭを効果的に促進するために、キャパシティ・ビルディングや温暖化対策事業化支援などの既存スキームの充実化を図ることやＯＤＡとの連携を提案している。

その後、環境省は、コベネフィット型温暖化対策およびＣＤＭのより具体的な形での推進を目指し、関連する課題についての検討調査を行った（注42）。また、ウェブサイト「コベネフィット・アプローチ」（注43）では、各種支援ツール（例えば、簡易型案件発掘ツールなど）を掲載するなど情報提供を開始している。さらに、二〇〇八年にはコベネフィット型CDMモデル事業を二案件（注44）採択している。日本政府は、コベネフィット型温暖化対策・CDMの促進のために、国内事業者を支援するだけでなく、ホスト国側の賛同を得るために、中国、マレーシア、インドとの二国間会議や国際会議でコベネフィット型アプローチを提案している。

GHG削減だけではない環境などへの効果が期待できるコベネフィット型CDMは、実は新しい考え方ではなく、途上国の持続可能な発展にも寄与するというCDM本来のコンセプトの実現を目指すものであるといえるだろう。現在日本政府とコベネフィット型CDMの話を進めている中国やインドはすでにCDMプロジェクトが多く開発されている国であり、また技術もCDMですでに採用されているものも多いため、CDMの偏在の課題を解決することにはならないかもしれない。しかし、持続可能な発展への貢献度のより高いCDMプロジェクトの開発促進にはつながる可能性はあるだろう（まだ結果が出ていないため、評価するには時期尚早ではある）。

5 おわりに

本章では、CDM開発の現状からみえてくる課題とその解決に向けた取り組みを報告した。持続可能な発展や温暖化対策の面での効果が高くても、CDM開発が進まない地域やプロジェクトタイプがある。

そのような地域やプロジェクトタイプについては、排出削減量に、市場メカニズムに任せて決められた市場価値だけではなく、プラスのインセンティブを与えるような優遇措置をとることで解決できるかもしれない。ナイロビ・フレームワークでの取り組みや日本政府のコベネフィット型ＣＤＭの提案は、コンセプトは非常に重要なものである。しかし、新たなインセンティブを提供するものではないため、実際に民間レベルでプロジェクト開発が促進されるのは今のままでは難しいのではないかと考える。例えば、コベネフィット型ＣＤＭについていえば、そのようなＣＤＭには開発資金の一部を国が補助したり、それらのプロジェクトから創出されるＣＥＲを日本政府が市場よりも高く購入したり、「プレミアム価格」がつくのであれば、民間レベルでも積極的にコベネフィット型ＣＤＭの開発に取り組もうとする企業が出てくるのではないだろうか。

また、発展途上国の中には、特にアフリカ諸国を含む後発開発途上国においては、産業ガス削減や省エネ事業のポテンシャルはほとんどないが、ＬＵＬＵＣＦプロジェクトのポテンシャルが存在する国や、大規模削減プロジェクトはできないが、非常に小規模なプロジェクトのポテンシャルは存在する国がある。植林／再植林ＣＤＭの見直しやプログラムＣＤＭの促進が、少なくとも案件数においての偏りを改善することができるかもしれない。

今の仕組み（京都議定書で規定されている仕組み）の中でＣＤＭ開発における「偏り」を是正することが本当に必要なのか、という議論もあるだろう。例えばアフリカでのＣＤＭ開発を促進しても、ポテンシャルが限定されているため、結局は大陸内で「偏り」が起きることが予想される。後発開発途上国など排出活動がそもそも少ない国に対しては、気候変動への適応策や技術移転、または他の経済発展手法に資金などを費やすことの方が得策かもしれない。あるいは、途上国での排出削減または吸収を促進させるためのCDM以外の新たな制度を導入する必要があるのかもしれない。実際、森林関連については、途上国の森林減少・劣化を防止する取り組みを促進させるメカニズム（REDD：Reducing Emissions from Deforestation and Degradation in Developing countries）がパプアニューギニアおよびコスタリカ政府から提案され、COPで現在議論されている。しかし、第一約束期間中に新たな仕組みを導入させるのは難しく、主に二〇一三年以降の気候変動対策の国際的な枠組みを話し合う中で検討されていくことになるだろう。

排出削減プロジェクトが実施される地域、そしてその恩恵に授かる地域が限られてしまうことがCDMの弱点であるとすれば、CDMとは別に、第5章で詳しく述べられる「カーボン・オフセット」を目的とした自主的なクレジットの市場の下でのプロジェクト開発で、その弱点をカバーすることも考えられる。自主的なカーボン・オフセットの目的のために取引されているクレジットの多くは、CDMやJIとは異なる、自主的に（時にはNGOなどがつくった独自のルールの下で）開発されたプロジェクトから創出されるクレジットである。それらのプロジェクトから創出されるクレジット（VER：Verified Emission Reduction）については、CDMやJIのような統一された国際ルールがないことに起因した様々な問題点が指摘されている（詳細は第5章参照）。しかし、クレジットの購入目的が、コンプライアンス（つまり削減目標遵守）ではなく、CSR（Corporate Social Responsibility 企業の社会的責任）や広報、企業のブランディングであることが多いため、排出削減プロジェクトの持続可能な発展への寄与度に重きが置かれる傾向にあり、森林関連プロジェクトへの関心も高い（注45）。

現在は、取引されたクレジットが生み出されたプロジェクトの実施国の傾向をみると、アフリカ諸国はCDMと同様に非常に低い（二〇〇七年は市場全体のクレジット取引量の二％）が、森林関連プロジェクトなどのポテンシャルがある。また、前述のように国際ルールや国連の介入がないため、プロジェクト開発の手続きがCDMよりも柔軟で、取引コスト（PDD作成費、有効化審査などの費用、登録料など）がCDMよりも低い傾向にある（注46）。そのため、自主的なクレジット市場は、CDMの下で高い取引コストが障害となっていた小規模プロジェクトの受け皿としての可能性も評価されている。

プロジェクト・ベースのカーボン・オフセットの市場は、CDM市場と比べると二〇〇七年は取引量ではその五％の規模（四二〇〇万トン）とまだ小さいが、二〇〇七年は前年度の約三倍に拡大している。CDM市場と自主的な市場が補完し合って、途上国における温室効果ガス削減と持続可能な発展を実現していく、という道を探る余地もあるのではないだろうか。

最後に、「偏り」をなくすだけでは、CDMのもう一つの目的である「途上国の持続可能な発展に貢献」を達成できるわけではないことを忘れてはならない。例えば、植林／再植林CDMが促進されたとしても、地域住民に適正にＣＥＲや材木などの現金収入が落ちる仕組みになっていなかったり、住民のプロジェクト地域へのアクセスや利用に制限が加えられたりするなど、悪影響をもたらすリスクもある。そのため、それぞれのプロジェクトの中身（環境および社会面への影響）にも注意を払い、悪影響を未然防止できる仕組みも検討していく必要があると考える。

注1――Karan Capoor and Philippe Ambrosi, 2007, "State and Trends of the Carbon Market 2007", The World Bank
注2――"State and Trends of the Carbon Market 2007"
注3――"State and Trends of the Carbon Market 2006"
注4――実際、二〇〇七年には、ＣＥＲは、ＥＲＵは一トンも発行されていない。
注5――UNEP Risoe Centre CDM pipeline (2008/6/11)
注6――環境省報道発表　二〇〇八年五月一六日　http://www.env.go.jp/press/press.php?serial=9704
注7――「京都議定書目標達成計画　平成二〇年三月二八日　全部改定」参照
注8――小規模ＣＤＭの定義。タイプ１：最大出力が15ＭＷ、または同量相当分以下の再生可能エネルギー。タイプ２：最大出力が年間60ＧＷｈまたは同量相当分の、供給または需要サイドでのエネルギー消費を削減するエネルギー効率向上プロジェクト。タイプ３：年間排出削減量が六万トン以下の、タイプ１および２以外のプロジェクト。
注9――"State and Trends of the Carbon Market 2008"
注10――ｔＣＥＲはtemporary CER、ｌＣＥＲはlong-term CERの略。植林または再植林プロジェクトを通じて木が吸収した二酸化炭素は、森林火災や枯死木などにより大気放出されるリスクがあるため、その問題

を解決するために有効期限付きクレジットが考案された。

注11――tCERは、発行された約束期間の次の約束期間の最終日に失効する（例えば、二〇〇八～二〇一二年の第一約束期間に発行されたtCERは、第二約束期間中に全量補填が必要）。lCERは、プロジェクトの最終クレジット期間（つまり、最長六〇年間）の最終日に失効する。

注12――AAU（各附属書I国の割当量）、RMU（附属書I国での植林などの吸収源活動にともなうクレジット）、CER、ERU（JIプロジェクトから発行されるクレジット）。tCERの場合はtCERも可。

注13――CDMは、先進国が発展途上国に対して資金援助や技術移転を行うことにより削減した温室効果ガスの排出量を、クレジットとして先進国が利用できるようにする、という制度と当初は理解されていたが（例えば、日本政府によるCDMの説明にもそのような記述がされていた）、途上国が単独でプロジェクトを開発したのでは、先進国からの技術移転などが行われないため。

注14――登録の際には先進国政府の承認は必要ないが、先進国企業または政府にCERを販売することになった場合、発行申請前までに承認取得が必要となる。

注15――UNEP Risoe Centre "CDM pipeline (2008/6/11)"

注16――PDDには、先進国側の参加者を記入する際に、「購入のみを行う」と明記する必要はないため。

注17――注15参照

注18――しかしこれらの設備も、現地住民の中でも特に貧しい層にとっては高すぎたり、現地住民の生活様式に合わなかったり（例えば、ソーラークッカーの場合は、太陽が出ている間は仕事をしている人が多いなど）、問題点も指摘されている。

注19――例えば、ソーラークッカーでの削減量は、CDM登録されているインドネシアの事例では、年間三五〇〇トンであるのに対して、HFC23破壊プロジェクトは、登録案件の年間削減量の平均は四〇〇万トン以上である。

注20――列挙した基金の各出資総額は、Carbon Finance for Sustainable Development 2007, Carbon Finance at the World Bankに基づく。World Bank Carbon Finance Unitのサイト（http://wbcarbonfinance.org/）と数値が異なるものもある。

注21――Bio CFでは二回別々に出資者を募集した。ここでは、「第一ファンド、第二ファンド」と標記しているが、正式には、最初の募集で集まった出資者で構成されたファンドは第一トランシェ、二回目のものは第二トランシェと呼ばれる。

注22――カーボン・ファイナンス・ドキュメント（Carbon Finance Document　世界銀行が案件評価のために、プロジェクト開発事業者に提出させるプロジェクト内容を記載した文書）が承認された段階以上の案件。すでにクレジット購入契約を締結済みのものも含まれる。

注23――Carbon Finance for Sustainable Development 2007, Carbon Finance at the World Bank, 三二ページ

注24――IDA融資適格国とは、一人当たり国民総所得が毎年新たに定められる上限（二〇〇九年度は一〇九五ドル）を超えていない国のことである。ブレンド国とは、インド、インドネシア、パキスタンなど、一人当たり国民所得ではIDA融資適格国に入るものの、世界銀行からいくらかの融資を受けるだけの信用力がある国を指す。

注25――二〇〇七年の年次報告書には出資総額三六一〇万ドルと記されているが、フランス開発庁が加わり増額。

注26――"Carbon Finance for Sustainable Development 2007" 一七ページ

注27――Saleemul Huq, Applying Sustainable Development Criteria to CDM projects: PCF Experience, PCFplus Report 10, Washington DC, April 2002

注28――質問の内容は、World Bank Carbon Finance Unitの以下URLを参照のこと。
http://carbonfinance.org/docs/CommunityBenefitQuestionnaire.doc

注29――質問の内容は、"Carbon Finance Document for LULUCF" のテンプレートを参照のこと。

http://carbonfinance.org/docs/New_CFD_Template_LULUCF_July_07.doc

注30――世界銀行の炭素基金が扱うプロジェクトが紹介されているサイト
http://carbonfinance.org/Router.cfm?Page=ProjPort&ItemID=24702

注31――例えば、World Bank Carbon Finance Unitの以下ＵＲＬではＬＵＬＵＣＦプロジェクトの開発に有効な情報を提供している。
http://carbonfinance.org/Router.cfm?Page=BioCF&FID=9708&ItemID=9708&ft=LULUCF

注32――但し、資金源が他にないことを証明でき、銀行保証が得られれば、クレジット購入契約（ＥＲＰＡ）で規定された合計金額の最大二五％まで、前払いを行う可能性はある。しかし、Ｂｉｏ ＣＦでは、二〇〇八年二月時点の情報では、まだ一件も前払いが適用された案件はなかった。

注33――World Bank Carbon Finance Unit
http://carbonfinance.org/Router.cfm?Page=BioCF&FID=9708&ItemID=9708&ft=ProjectsT1

注34――ＵＮＦＣＣＣプレスリリース　二〇〇七年一一月六日
http://unfccc.int/files/press/news_room/press_releases_and_advisories/application/pdf/nf_release_english.pdf

注35――Nairobi Framework: Capacity for Carbon Market Development in Sub-Saharan Africa (An Inter-Agency Program Proposal)
http://cdm.unfccc.int/Nairobi_Framework/NF_partner_agencies.pdf

注36――温暖化による影響を軽減するための対策。例えば、海面上昇の影響を低減するために防波堤を建設したり、気温上昇による農作物への影響を軽減するために高温に耐えられる栽培種に変更したりすることなどが挙げられる。

注37――SOP-Adaptationは、ＣＥＲの発行時に、プロジェクト参加者の口座に転送されるＣＥＲから二％が差し

引かれ、ＣＤＭ登録簿の口座に入れられる。

注38――ＣＤＭ登録料は、通常のＣＤＭプロジェクトの場合、予想年間排出削減量が、15,000t-CO_2以上の場合は、最初の15,000t-CO2はUS$0.1/t-$CO_2$を乗じた金額を支払い、それを超える分についてはUS$0.2/t-$CO_2$を乗じた金額を支払うこととなっている。つまり、年間排出削減量が15,000t-CO_2より少ないと予想される場合は無料で、15,000t-CO_2の場合はUS$1,500、15,000t-$CO_2$を超える量、例えば30,000t-$CO_2$の場合は、15,000t-$CO_2$×US$0.1＋(30,000t-CO_2－15,000t-CO_2)×US$0.2＝US$4,500を、ＣＤＭ登録する際にＣＤＭ理事会に支払うこととなる。ただし、US$350,000が最大で、これ以上支払う必要はない。

注39――SOP-Adminは、ＣＥＲ発行時に、最初の15,000t-CO_2まではUS$0.1/t-$CO_2$を乗じた金額を支払い、それを超える分についてはUS$0.2/t-$CO_2$を乗じた金額をＣＤＭ理事会に支払うこととなっている。ただし、発行されたＣＥＲに対応する支払い済みのＣＤＭ登録料に相当する額は控除される。

注40――Decision 17/CP.7 para.6(c)　http://unfccc.int/resource/docs/cop7/13a02.pdf#page=21

注41――二〇〇七年五月「開発途上国の開発ニーズ志向のコベネフィットベネフィット型温暖化対策・ＣＤＭの実現に向けて」、社団法人海外環境協力センター

注42――報告書「開発途上国の環境対策を実現するコベネフィット型温暖化対策・ＣＤＭの促進に向けて」をとりまとめた（二〇〇八年一〇月発表）

注43――ウェブサイト「コベネフィット・アプローチ」http://www.kyomecha.org/cobene/index.html

注44――採択事業「マレーシア国における閉鎖処分場のメタンガス排出削減に伴う環境改善計画（代表事業者：東急建設株式会社）」および「（タイにおける）エタノール工場における排水浄化とバイオガス発電事業（代表事業者：株式会社エックス都市研究所）」

注45――Katherine Hamilton, Milo Sjardin, Thomas Marcello and Gordon Xu, 2008, Forging a Frontier: State of the Voluntary Carbon Markets 2008, Ecosystem Marketplace and New Carbon Finance

注46——Elizabeth Harris, 2007, The voluntary carbon offsets market: An analysis of market characteristics and opportunities for sustainable development, IIED

第4章

ゴールド・スタンダードの有効性と課題

山岸尚之

本章では、環境ＮＧＯが推奨するＣＤＭプロジェクトおよびクレジットに関する認証基準であるゴールド・スタンダード（Gold Standard）がつくられた背景とその目的・仕組みについて解説する。

ゴールド・スタンダードは、ＣＤＭが発展途上国の持続可能な発展に貢献することを促進するために、環境ＮＧＯであるＷＷＦ（世界自然保護基金）がイニシアチブをとり、他のＮＧＯ・研究機関・企業との協力の下に二〇〇三年に立ち上げた認証の仕組みである。第1節ではまず、その仕組みがつくられた背景にある環境ＮＧＯのＣＤＭに対する懸念を説明し、第2節では、ゴールド・スタンダードの具体的な仕組みについて、また実際にゴールド・スタンダードが適用された事例の紹介を行い、第4節ではまとめとして、これまでのゴールド・スタンダードの成果と今後の課題について整理する。

1　ゴールド・スタンダード創設の背景

京都議定書においては先進国の温室効果ガス排出量削減目標と同時に、排出量取引、共同実施（ＪＩ）、ＣＤＭという三つの「柔軟性措置」が導入されたが、それらについて、議定書採択当時、環境ＮＧＯは否定的な見解を示すところが多かった。その主な理由は、それら柔軟性措置が、先進国の削減目標にとっての「抜け穴」になるのではないかという懸念があったことである。特にＣＤＭについては、「本来は、先進国が自国で行うべき排出量削減を発展途上国で行うことで代替するのは、先進国での実質的な対策を遅らせることになるばかりか、温暖化を引き起こしてきた責任を途上国に転嫁する行為である」

といった批判がみられた。柔軟性措置を盛り込もうとした先進国のそもそもの動機が、当時、ただでさえ不十分といわれた数値目標を、事実上さらにゆるくすることにあったことを考えれば、こうした批判は決して的外れではなかった。

しかし、京都議定書は、困難な交渉を経てようやく成立し、CDMを含む柔軟性措置はその不可欠な部分として導入された。京都議定書で先進国の具体的な温室効果ガス排出量削減目標が定められた意義は大きく、柔軟性措置の存在を否定することはもはや現実的ではなくなった。そのため、その後は、その活用がいかに環境十全性を損なうことなく行われるかを担保するルールづくりに多くの環境NGOは力を注ぐようになった。

現在でも、排出量取引、JI、CDMといった仕組みの使用そのものに反対するNGOは存在する。その声は決して小さくなく、特に、こうした環境政策に市場原理を持ち込むことに対する懸念の声は大きい。しかし、多くのNGOは、炭素に価格をつけることの有用性、つまり、CO_2排出量を費用として考え、そしてその削減を便益と考える仕組みの有用性を認めている。また、CDMという制度が、潜在的に途上国の持続可能な発展に寄与する可能性があるということから、その活用を条件付きで支持しているNGOも多い。

だが、CDMに対して環境NGOが抱く懸念が完全に払拭されているわけではない。今なお残る懸念には大きく分けて二種類ある。

一つは、そもそも、CDMプロジェクトが本当に排出量削減に結びつくのか、という点である。もともとCDMでは、その仕組み上、途上国で削減された排出量分は先進国で削減されなくなる（増える）ので、京都議定書で定められた目標以上の削減は、世界全体としてみたときにはもたらさない。もし個々のCDMプロジェクトが実際の削減につながっていなければ、世界全体としては排出量が増えてしまう。

いま一つの懸念は、プロジェクトが、温室効果ガス排出量削減以外の分野で、環境・社会・経済上の悪影響を及ぼしていないか、という点である。排出量の削減になっていても、地域の人々の生活環境の悪化を招いていたり、貴重な生態系の破壊につながったりしていれば、それは温暖化防止の仕組みとして適切でないということになる。

それぞれの懸念について、以下で少し詳しく解説しておこう。

CDMプロジェクトは本当に排出量削減につながっているか

CDMプロジェクトは、温室効果ガス排出量の削減を主な目的として行われる。しかし、いくつかの理由で、プロジェクトが実施されたとしても実際にはきちんとした削減につながらない可能性もある。それにもかかわらず、削減されたものとしてクレジットが発行されてしまえば、CDMの性質上、地球大での排出量は増えてしまう可能性もある。

これには二つケースが考えられる。一つは、プロジェクトの排出削減量の算定が適切でなく、正確な排出量の測定が行われないケースである。ベースライン設定、プロジェクト境界の設定、データ測定の精度などに問題があれば、排出削減量の算定そのものに問題が生じる可能性がある。現在の仕組みの下では、プロジェクトが国連の承認を受ける前の段階である有効化審査でそのような点はチェックされるほか、クレジットの発行以前に検証という作業が行われ、その時点で再度削減量は確認される。しかし、それでも現状は決して万全とはいえない。

もう一つのケースは、プロジェクトが「追加的」でない場合である。プロジェクトが追加的であるかないかという「追加性」(additionality)の議論は、CDMに関する議論の中でも当初から、重要かつ意見の対立が大きい論点として議論が続いてきた。

追加性は、マラケシュ合意の中では以下のように定義されている(注1)。

CDMプロジェクト活動は、排出源からの人為的な温室効果ガスの排出量が、登録された当該プロジェクト活動が無かった場合に起こったであろう排出量より低いレベルに削減されたとき、追加的である。

この定義の解釈をめぐって、様々なステークホルダーの間で意見の対立がみられた。一方では、先進国政府、インドなどの一部途上国、そして産業界は、実施されるプロジェクトの中で、排出量が削減されてさえいればよいとする解釈(環境的追加性)を支持していた。他方で、小島嶼国や環境NGOなどは、それだけでは不十分で、そもそも当該プロジェクトが、CDMがなければ実施されなかったということを示さなければならない（事業的追加性）という解釈を主張した。

環境NGOは、一般的に後者の解釈を適切と考えており、その理由は次のような事情による。例えば当該プロジェクトが、そもそも地域の開発計画の中で、ある企業が実施するつもりであった場合、そこで発生する排出量削減は、CDMがなくとも起こりえたことになる。仮に、そのプロジェクトがCDMの仕組みの下で承認され、そこから発生したクレジットを使用して、先進国が排出量を減らさない（増加させる）とすれば、それは、CDMがなければその先進国内で実施しなければならなかった排出量削減を止めてしまったことになる。もしそのようなケースが起きれば、CDMがなかった場合と比較して、結果的に世界全体で排出量を増加させてしまったことになる。

これは、まさしく冒頭で述べた「抜け穴」に該当する事態であるため、環境NGOは特にこの追加性の解釈に関して高い関心を寄せた。

CDMプロジェクトは持続可能性に貢献していない、もしくは悪影響を与えていないか

すでに述べたように、CDMはその性質上、京都議定書目標の排出削減量以上の削減はもたらさない。したがって、単純にいえば、先進国に対して安価な削減機会を提供する仕組みに他ならない。しかし、CDMが一定程度の支持を環境NGOや専門家から受け、また途上国の期待も高い理由には、CDMの実施が、海外先進国企業の投資を呼び込むきっかけとなり、先進国から途上国への技術移転や、途上国での持続可能な発展に貢献するかもしれない、という期待があるからであろう。

事実、京都議定書では、その第12条においてＣＤＭの目的を二つに置いているが、そのうちの一つは、途上国における持続可能な発展に貢献することとされている（もう一つの目的は排出量削減による先進国削減目標への貢献）。

したがって、ＣＤＭプロジェクトにとって持続可能な発展への貢献は、「副次的」な目的ではなく、「主目的」の一つである。この点はしばしば看過されがちであるが、極めて重要な点である。

しかし、「持続可能な発展」をどのように定義するかという問題は非常に難しく、二〇〇一年に京都議定書実施上のルールを定めたマラケシュ合意に至る国連交渉の過程でも解決することはできなかった。特に途上国側は、先進国が勝手に決める「持続可能な発展」の定義を途上国に対して押し付けることを何よりも嫌った。

このため、「何が持続可能な発展に貢献するか」という問題は、プロジェクトのホスト国たる途上国に任されることとなった。この決定は、確かに先進国の持続可能な発展に関する身勝手な定義の途上国に対する押し付けを避けることにつながった。しかし実際には、ＣＤＭを受け入れる途上国の多くにおいて、持続可能な発展への厳密な貢献に関するチェック体制が十分な形で整備されているとはいえない状況がある。

このホスト国による承認のほかには、ＣＤＭプロジェクトの実施に関するルールの中では、持続可能な発展への貢献を実質的にチェックする規定はあまり多くない。したがって、現状のＣＤＭのルールの下では、ＣＤＭの二大目的の一つである持続可能な発展への貢献は、必ずしも十分に担保されないという懸念が、環境ＮＧＯの間で持たれていた。

追加性と持続可能性に関する二つの懸念は、現在でも環境ＮＧＯの間で一般的に共有されているが、特にマラケシュ合意が採択された当時は、実際にどのようにＣＤＭという仕組みが運用されていくことになるのかについての不安が強かった。

その不安を背景として、一方ではＣＤＭ全般を監視する体制としてＣＤＭウォッチというＮＧＯがつくられた。ＣＤＭウォッチは、ＣＤＭのプロジェクトの監視を行い、追加的でなかったり、社会・環境への悪影響が予想されたりするプロジェクトに関しては、国連への意見提出やメディアへの情報提供などを行うことで質の改善を促したり、もしくは中止を求めたりした。他方で、良いプロジェクトに一定の評価を与えることで、市場全体をその方向へと牽引するためにつくられたのが、ゴールド・スタンダードである。

2　ゴールド・スタンダードの目的と仕組み

カーボン・ラベリングとしてのゴールド・スタンダード

前節のような懸念を背景として、マラケシュ合意後の二〇〇二年、ＷＷＦは他の専門家との非公式な会合を通じて、ゴールド・スタンダードの作成を始めた。仕組みに関するドラフト・ペーパーについて、作成に関わっていない外部の専門家からの意見を聴取したり、公のイベントの場でコメントを募集したりといった過程を経て、二〇〇三年にイタリア・ミラノで開催された国連気候変動会議（COP9）において、正式に発表を行った。この発表以降、ゴールド・スタンダードはWWFからは独立した別組織となり、自立的に活動を行うようになった。独立したゴールド・スタンダードは、実際のCDMプロジェクトの中でその認証が適用されるように、CDM実施者に対してその利用を勧めるとともに、クレジットを購入する企業、政府関係者、NGOに対しても、普及啓発を行った。数年間の実践の中で得た教訓を基に、認証のルールや要件、その手続きに改良を加え、二〇〇八年八月に改訂版としての〝バージョン2〟を発表した。以下での仕組みに関する説明は、基本的にこの〝バージョン2〟に基づいた説明である（注2）。

ゴールド・スタンダードは、当初から、一種のラベリング制度として構想された。FSC（森林認証注3）などの他の具体的な「モノ」を対象としたラベリング制度と同様、期待されたのは、売り手と買い手の間で、プロジェクトの環境・持続可能性面に関してきちんとした情報が伝わるようにすることであった。

通常、CDMのマーケットでは、クレジットの価格は、当該プロジェクトにかかった費用やそのプロジェクトに関するリスクを反映してつけられる場合が多い。つまり、たとえ当該プロジェクトが持続可能な発展に貢献するとしても、それはクレジット価格には反映されないのである。CDMのクレジットCERは基本的には電子登録簿上にしか存在しない無形の商品であるため、クレジットを売る側（プロジェクト実施者）にしてみれば、形状や品質の差異化によって、市場の中で持続可能性への貢献をアピールする手段がない。買う側にとってみれば、価格以上にプロジェクトの持続可能性への貢献度合いを知るすべがあまりないのが現状である。

この「情報の不在」に橋渡しをするラベリング制度として機能し、その結果として、持続可能な発展に貢献するようなプロジェクトの推進をしようというのが、ゴールド・スタンダードの基本的な発想である。

ゴールド・スタンダード認証のラベルは、具体的には、プロジェクトそのものとプロジェクトから発生するクレジットの両方に対して使用可能である。これにより、プロジェクト開発者は、プロジェクトが認証を受けた後であればクレジットが実際に発行される以前からでもこのラベルによるプロモーションを行うことができ、かつ、クレジットを使用する側は、自らが取得したクレジットが持続可能な発展に貢献するものであることを示すことができる。

ゴールド・スタンダード認証の仕組み

ゴールド・スタンダード・プロジェクトの認証の一つの特徴は、その認証のために別個の認証プロセスが必要とされず、通常のＣＤＭの承認プロセスの中で同時に認証ができるようになっている点である（注４）。これは、持続可能な発展への貢献を確実に確保するための厳密性を維持しつつも、プロジェクト開発者・実行者にとって認証プロセス自体が過度の負担にならないようにするための設計である。

通常のＣＤＭとほぼ同じようなプロジェクト・サイクルをたどりながら、追加的に要求されている事項を実行し、要件を満たすことで、プロジェクトはゴールド・スタンダードのプロジェクトとして認証される。そうした追加的実施事項・要件は、「ゴールド・スタンダード・パスポート」（Gold Standard Passport：以下「パスポート」）という様式にまとめられており、それを、通常のプロジェクト設計書（ＰＤＤ：Project Design Document）に加えて記入していく（つまり、記入するために必要な追加的事項を実施し、要件を満たしていく）ことでゴールド・スタンダードの認証プロセスは進む。認証のプロセスでは、このＰＤＤとパスポートが中心的な文書となるが、その他にも追加的に提出が必要となる様式がある。最終的には、これらのうち、ＰＤＤ、パスポート、地域ステークホルダー・コンサルテーションに関する報告書（下記説明参照）について、指定運営機関（ＤＯＥ：Designated Operational Entity）の有効化を受け、その届出がゴールド・スタンダード事務局に対してされることで、ゴールド・スタンダードのプロジェクトとしての認証を受けることになる。

以下では、そうした追加的な実行および審査が必要とされる項目の中で、ゴールド・スタンダードの背景にある思想を実現する上でも特に重要な三つの事項について解説を行う（注５）。

一つ目の項目は、**プロジェクトの適格性**である。現在のところ「再生可能エネルギー供給」もしくは「需要側でのエネルギー効率改善（省エネ）」の二つのタイプのプロジェクトのみがゴールド・スタンダードに適合するものとして認められることになっている。

ただし、これら二つのタイプに該当するプロジェクトであれば何でもよいというわけではなく、一部のタイプのプロジェクトに関しては、さらに細かい要件が定められている。例えば、「再生可能エネルギー供給」プロジェクトとしての水力発電（ダム）に関しては、基本的に20MW以下のプロジェクトのみが適格であるとされ、20MWより規模の大きなプロジェクトは、個別事例ごとに厳密に審査される（この場合は、ゴールド・スタンダード・ファウンデーション（後述）による別途の審査が生じる）。また、バイオマスに関するプロジェクトでも、非再生可能なバイオマスを利用したプロジェクトは適格性がなく、さらに、食用からエネルギー用へ穀物が転換されることによって得られるバイオマスも適格性がない。こうした要件が、他のいくつかの事例（埋め立て地ガス、廃ガス利用など）についても定められている。

対象がこれら二つのプロジェクト・タイプに絞られた背景には、1.（持続可能な発展へ向けての）パラダイム・シフトをもたらすようなエネルギー技術であるかどうか、2. 既存の開発についてあえて追加的であり、持続可能性に貢献するか、3. 環境NGOによる広範なサポートを得られるかどうか、という三つの基準があった。

二つ目は、**追加性**に関する項目である。上述したように、追加性原則を満たしていることは、当該プロジェクトが真に地球温暖化防止に貢献しているかどうかを決める上で極めて重要である。この点に関して、ゴールド・スタンダードは、複数の観点からチェックを行う。第一は、当該プロジェクトの実施について、事前に公に発表されたことがあるかどうかの確認である。プロジェクトが、クレジットからの収入がない時点ですでに開始が発表されてしまっている場合は、そのプロジェクトは追加性を持たない。

第二は、CDM理事会によって準備された追加性ツールを使用して、追加的であるかどうかを判断することである。ここでは、プロジェクトが、経済的な理由や、その他の理由によって、CDMがなければそもそも行われなかったであろうこと、温室効果ガス排出量がベースラインよりもきちんと削減されていることを示さなければならない。ここが、先に述べたNGOの懸念の一番目に応えるための肝となる部分である。

第三は、プロジェクトに対して、ODA（政府開発援助）が利用されていないかどうかの確認である。もし利用されていれば、当該プロジェクトはゴールド・スタンダードの認証を受けられない。

上記三つの事項は、通常のCDMの承認プロセスの中でもある程度確認されるが、ゴールド・スタンダードについてはそれぞれ若干の追加規定がある。

三つ目の項目は、**持続可能性への貢献**である。二つの手段によってプロジェクトの持続可能性が評価および確認されなければならない。一つ目は、チェックリストや評価表といったツールを使用した評価であり、二つ目は、ステークホルダー・コンサルテーションである。これらを通じて、先に述べたNGOの懸念の二番目がカバーされることになる。

表１　持続可能性評価表に含まれる指標

分　野	指　　　　標
環境	大気汚染の状況、水質および水の利用可能量、土壌の状態、その他汚染物質、生物多様性
社会開発	雇用の質、貧困層の生活条件、安価かつクリーンなエネルギー・サービスへのアクセス、人的・制度的な能力（教育水準やジェンダー平等など）
経済的・技術的開発	雇用の量および所得創出、収支状況および投資、技術移転および技術に関する自立性

出所：ゴールド・スタンダード資料からWWFジャパン作成

第一のツールを使用する評価は、具体的には二つの評価手法から構成される。

一つ目は、「害を為すなかれ」（Do No Harm）評価（注6）に基づいた、プロジェクトが持つ様々なリスクの確認とその対応措置がとられているかの評価である。国連開発計画（ＵＮＤＰ：United Nation Development Programme）は、開発政策に関する基本方針としている「害を為すなかれ」という考え方を実践するため、ミレニアム開発目標（ＭＤＧｓ：Millennium Development Goals）を基に、人権、労働基準、環境保護、反汚職の四分野について、一一のセーフガード原則を定めている。ゴールド・スタンダードでは、これを援用して、プロジェクトが持つリスクを確認し、リスク緩和措置をとることが求められている。プロジェクト実施者には、これらの原則それぞれについて、当該プロジェクトが持つリスクの評価とリスク緩和措置の有無を評価していくことが求められる。

二つ目は、持続可能性評価表（Sustainable Development Matrix）を通じた持続可能な発展への直接的な影響の評価である。持続可能性評価表には、環境、社会開発、経済的・技術的開発の三分野について一二の指標が含まれている（表1参照）。プロジェクト実施者は、それらの指標を具体的に計測するためのパラメーターをプロジェクトの内容に基づいて定め、計測をし、当該プロジェクトの持続可能な発展への影響がプラスであるか、中立的であるか、マイナスであるかを判断する。その際、ＭＤＧｓとの関連を検討することが求められる。

第二のステークホルダー・コンサルテーションに関しても、二つの種類のコンサルテーションが必要になる。一つは「地域ステークホルダー・コンサルテーション」と呼ばれ、もう一つは「ステークホルダー・フィードバック・ラウンド」と呼ばれる。これらを通じて、地域コミュニティやその他のステークホルダーの意向がプロジェクトの設計段階から組み入れられることが確認される。

まず、二つのコンサルテーションに共通することとして、ステークホルダー・コンサルテーションへの参加は積極的に呼びかけられなければならない、ということがある。地域の政策決定者、直接に影響を受ける住民、地元ＮＧＯ、ゴールド・スタンダードを支持しているＮＧＯなどに対して、ただ単に告知をして待っているのではなく、積極的に参加を働きかける必要がある。

地域ステークホルダー・コンサルテーションは、追加性評価や持続可能性の評価が終わり、ＰＤＤがある程度出来上がっている段階で行う。入念な準備の下、実際にプロジェクトが行われる地域でステークホルダー会合を開催することが必要である。単一の会合である必要はなく、複数回に分けて行うことも可能である。重要なポイントは、そうした会合で出た意見をきちんと取り入れることであり、場合によってはプロジェクトの設計そのものを見直す必要がある。地域ステークホルダー・コンサルテーションの結果について、プロジェクト実施者は、専用の様式に記入してゴールド・スタンダードの登録簿

（後述）にアップロードすることが求められる。

ステークホルダー・フィードバック・ラウンド（以下「ラウンド」）は、そうした最初の地域ステークホルダー・コンサルテーションの結果を取り入れて、ＰＤＤや持続可能性評価表を（必要があれば）修正するなどして、プロジェクトの準備がほぼ完了した段階で行う。このラウンドでの主な目的は、最初の地域ステークホルダー・コンサルテーションを踏まえたプロジェクトの全般的な設計について、最終的なコメントをステークホルダーから貰うことである。地域ステークホルダー・コンサルテーションと同様に現地で行うこともできるが、このラウンドの場合、それは義務ではない。ただし、プロジェクトに関する一連の文書（ＰＤＤおよびパスポートなど）をウェブサイトにアップロードするだけでなく、地域の人々がアクセスしやすいような場所、例えば自治体のオフィスなどに置かせてもらうなどの工夫が推奨されている。また、プロジェクトの有効化と並行して行うことも可能であるが、コメントを受け付けるための関連書類は有効化が終了する少なくとも二カ月前には公開されていなければならない。

以上のようなプロジェクトの適格性、追加性、持続可能性といった三つの項目に代表される要項を実施および評価し、そしてその結果を最終的にはＤＯＥによって有効化という形で審査されたものが、ゴールド・スタンダードのプロジェクトとなる。

既存プロジェクトの遡及的認証

以上は、基本的に新規プロジェクトを実施する場合の手順の説明であるが、既存プロジェクトを、遡及的にゴールド・スタンダードとして認証することも不可能ではない。すでに国連のＣＤＭ理事会の下で承認を受け、実際に開始されているプロジェクトについては、ゴールド・スタンダード認証の要件を同レベルで満たしているということを、透明かつ信頼できる形で示すことができれば、すでに発行されているクレジットについても、ゴールド・スタンダードのラベルを付加することができる。その際、特に重視されるのは、通常のＣＤＭの審査で特に弱い持続可能性に関する審査である。

ゴールド・スタンダード・プロジェクトでのモニタリング

通常のプロジェクトでは、モニタリングの主な対象は排出削減量である。しかし、ゴールド・スタンダード・プロジェクトでは、それだけではなく、プロジェクトが持続可能な発展に貢献しているかどうかのモニタリングも求められる。具体的には、プロジェクト設計の際に使用した持続可能性評価表で各指標について設定されたパラメーターと（影響がマイナスだった場合の）影響緩和措置について、モニタリングをしなければならない。ゴールド・スタンダードは、ラベリングとしての意義が大きいため、やや「事前」の審査項目が注目されがちだが、このように「審査後」にもプロジェクトの持続可能な発展への貢献が確認されることは重要なポイントである。

ゴールド・スタンダード・プロジェクトの有効化と検証

ゴールド・スタンダード・プロジェクトの有効化と検証は、通常のＣＤＭでそれらを行っているＤＯ

Eが行う。ただし、申請組織（ＡＥ：Applicant Entity）ではできない。

ゴールド・スタンダードの認証にあたって、担当するＤＯＥは、別途特別な資格を有している必要はない。必要なのは、プロジェクト実施者が記述したＰＤＤおよびパスポート、地域ステークホルダー・コンサルテーション報告書の有効化がきちんとできること、またそのモニタリング計画書に基づいて検証を行うことである。検証の際には上述の通り、モニタリングにおいて追加的に確認することが求められている項目についても、検証が行われなければならない。また、有効化・検証のいずれのプロセスにおいても、ＤＯＥは必ず、プロジェクトの現地に行って確認を行うことが求められる。この現地訪問は、通常のＣＤＭプロジェクトでは必ずしも義務ではないが、ゴールド・スタンダードではより確実なチェックを確保するために義務となっている。モニタリングでの持続可能性関連項目のモニタリングの義務とあわせ、ＤＯＥの役割が拡大されているのもゴールド・スタンダードの特徴である。

プロジェクトの登録と（クレジットに対する）ラベルの発行

ゴールド・スタンダード・プロジェクトの登録の手続きのためには、完成したＰＤＤ、パスポート、有効化報告書をゴールド・スタンダード登録簿（注７）にアップロードすることが必要である。その上でさらに、当該プロジェクトが要件を満たしていることを宣言するカバーレターとゴールド・スタンダードの使用許諾条件に関する同意書への署名を行い、これらも登録簿にアップロードする必要がある。そして、登録料をゴールド・スタンダード事務局に対して支払うことで、登録のプロセスが開始される。

登録料は、最初の検証・認証時に予想されるクレジット量に対して、一トン当たり〇・〇五米ドル（つまり五米セント）を支払わなければならない。

ＤＯＥによる有効化が完了した時点で、ゴールド・スタンダード事務局は、関連書類をゴールド・スタンダード技術諮問委員会やサポーターＮＧＯ（次節参照）に回覧し、レビューのプロセスを始める。レビューの期間は八週間で、この間に、事務局、諮問委員会、サポーターＮＧＯは、当該プロジェクトに関する懸念事項などの問い合わせを行うことができる。全ての懸念事項についての十分な回答が得られ、かつ国連での正式なＣＤＭプロジェクトとしての登録が得られた時点で、ゴールド・スタンダードとしても「登録済み」のステータスを得ることができる。

ゴールド・スタンダード・プロジェクトから発生するクレジットにゴールド・スタンダードのラベルが発行されるのは、そのクレジット自体の発行がＣＤＭ理事会によって確認され、かつ該当するクレジットのシリアル番号をゴールド・スタンダード事務局が確認した後になる。

また、ゴールド・スタンダードのラベルの発行は、そのクレジット発行量に応じて料金がかかる。料金は、通常の大規模ＣＤＭプロジェクトの場合は、一トン相当のクレジット当たり〇・〇五米ドルである。ただし、初回発行分については、上述の登録料が事実上のディポジットのような扱いとなり、登録料との差分のみ支払う（もし登録料の方が実際の初回発行申請時の料金より大きければ、差額は返却される）。

登録を受けたゴールド・スタンダードのプロジェクトおよびクレジットは、ボランタリー用のもの

◉コラム4
拡大するボランタリー・マーケットでのゴールド・スタンダード

近年、排出量取引という仕組みへの関心の高まりと並行して、国連や国によって発行される公式なクレジットとは別のボランタリーなクレジット、VER（Verified Emission Reductions）が注目を集めるようになってきた。

ボランタリー・マーケットから入手されるVERによる排出量のオフセットは、一方では、それだけ気候変動対策への関心が高まったことの表れともいえ、ポジティブな潮流であるといえる。他方で、ボランタリー・クレジットを扱う様々な業者が現れ、そのクレジットが果たして本当に削減につながっているのか、そして、クレジットの二重売りをしていないかなど様々な懸念も出てきた。

ゴールド・スタンダードにおいても、VER用のゴールド・スタンダードの基準が開発された。あえてVER用が作成された背景としては、二つの事情がある。まず一つは、上述のような懸念があり、まさに玉石混交の様相を呈してきたボランタリー・マーケットにおいて、一定の指針を与える必要があること。もう一つは、CERなどを買い求める事業者は、自らの目標達成のためにそのクレジットを使用することが主目的なので、どうしても「量」に関心が行きがちである。そうした事業者の中には、ゴールド・スタンダードを使用するインセンティブが低い事業者が（少なくとも当初は）多い。他方、ボランタリー・マーケットでクレジットを買うような事業者・個人は、そもそも環境・CSR対策やイメージ向上が目的である。このため、ゴールド・スタンダードのような「質」を重視する考え方とはより親和性が高いという予想があったからである。

ボランタリー・オフセット用のゴールド・スタンダード認証のプロセスは、基本的には通常のCDM用のゴールド・スタンダード認証と変わらない（ただし、当然国連による承認はない）。要件における大きな相違点としては、以下の三つが挙げられる。

第一に、プロジェクトの規模を三つに分類し、それぞれにおける要件を分けていることである。年間のCO_2換算排出削減量が五〇〇〇トン未満のプロジェクトは「マイクロ」、五〇〇〇トン以上一五〇〇〇トン未満は「小規模」、そして一五〇〇〇トン以上は「大規模」としている。特に、通常のCDMにはない「マイクロ」プロジェクトに関しては、要件がいくつかの面で緩和されており、手続き等にあまり費用がかからないように配慮がなされている。

第二に、プロジェクトを実施できる国の範囲が通常のCDMよりも広いことである。通常のCDMでは、その手続き上、ホスト国からの承認を得なければならないため、その承認を行う組織・指定国家機関（DNA：Designated National Authorities）が設置されている必要がある。ボランタリー・オフセットの場合はこれが必要ないため、プロジェクトを実施できる国の範囲が実質的に広くなる。

第三に、一部、通常のCDM下では承認されない方法論が使用できることである。ここで具体的に想定されているのは、非再生可能バイオマス（木炭や伐採により得られた薪）を使用した調理方法から、ソーラークッカーや再生可能バイオマス（例：牛の糞から出るメタンの利用等）などの利用に切り替える排出量削減プロジェクトなどである。通常のCDMでは、非再生可能バイオマスからの切り替えは、非再生可能バイオマスによる排出という森林伐採からの排出削減を算定することに事実上はなってしまうため、現行のCDMのルール下では認められえない。しかし、このタイプのプロジェクトは、屋内大気環境の改善につながったり、女性や児童の労働改善につながったりするなどの貢献が一般に認められ、特に電化が進んでいない発展途上国では非常に意義の高いプロジェクトになりえることが知られている。このため、こうしたプロジェクトの認証を、ボランタリー・オフセット用のゴールド・スタンダードでは承認できるように、特別に方法論が作成されている。

（コラム4参照）も含めて、オンライン上のゴールド・スタンダード登録簿で管理される。この登録簿に口座を開くためには特別な手続きが必要だが、プロジェクトの概要や発行クレジットを調べる目的だけであれば、一般の人々でも自由にアクセスできるようになっている。

事務局および関連組織の役割

組織としてのゴールド・スタンダードは、ゴールド・スタンダード・ファウンデーションとしてスイスで設立されている。実質的な日々の業務や計画の策定などは、事務局（Secretariat）が担当している。各種問い合わせへの対応、プロジェクト／クレジットの認証の受付・確認、ラベルの管理、各機関への連絡、ゴールド・スタンダードの普及啓発など、幅広い業務を担当する。

より大局的な観点から、戦略的な判断をしたり、組織としての体制を検討したりするのは、ファウンデーション理事会（Foundation Board）の役割である。理事会のメンバーのうち、少なくとも半分はゴールド・スタンダードのサポーターNGOから選出されなければならず、一名は、次に説明する技術諮問委員会の議長である。理事会は、年一回の会合を開催する。

技術諮問委員会（Technical Advisory Committee）は、ゴールド・スタンダード／CDMに関わる技術的な問題について、専門的な見地から支援を行う機関である。プロジェクトの事前評価などの判断を下すのはこの技術諮問委員会であり、理事会の決定もこの委員会の提言をベースとする。

この他、現在はまだその規模が小さいが、ホスト国におけるゴールド・スタンダードに関する普及を図るために、地域専門家ネットワーク（Local Expert Network）というものも形成されている。現在は、ブラジル、中国、南アフリカ、インドなどにゴールド・スタンダードの目的に賛同し、協力する地域専門家がおり、プロジェクトに関するコンサルタントとしてのアドバイスなどを提供している。

さらに、ゴールド・スタンダードのサポーター（支持者）として登録しているサポーターNGOには、義務はないが、一般的に、ゴールド・スタンダードの普及に協力することや、（発展途上国に拠点を持つNGOについては）上述のステークホルダー・コンサルテーションに協力することを期待されている。WWFは、厳密にいえば現在はゴールド・スタンダードを支持する一団体でしかないが、ゴールド・スタンダードの普及に関して様々な面で支援をし、また各国におけるリエゾン（受付窓口）的な役割も一部果たしている。

3 ゴールド・スタンダードが適用されたプロジェクト事例

以下では、ゴールド・スタンダードが具体的に適用されたプロジェクトの事例を紹介する。

事例1：南アフリカ・クヤサのプロジェクト

この小規模CDMプロジェクトは、南アフリカ・ケープタウン近郊カエリチャにあるクヤサという地域で実施されているプロジェクトである。住宅環境の改善によってCO_2排出量の削減を行う。具体的には、住宅の屋根の断熱性向上による熱効率向上、高効率照明への切り替え、そして太陽熱温水器の設置という三つの方策がとられている。対象は、二三〇〇世帯になる。

プロジェクトの規模としては極めて小さく、発生するクレジットも少量である（年間約七〇〇〇トン程度）。しかし、低所得者層が多いクヤサ地域における住宅の住環境の改善につながり、各種設備の設置のために雇用を生み出し、しかも化石燃料への依存を助長することなくエネルギーへのアクセスを高めるという意味で、持続可能な発展への貢献が高いプロジェクトとして評価されている。アフリカにおいてCDMプロジェクトが承認された初めての事例であるとともに、ゴールド・スタンダードの認証を受けた初めてのCDMプロジェクトでもある。

また、プロジェクトの実施主体であるNGO・South South North（SSN）は、このプロジェクトで得られた実績をモデル化し、南アフリカの他地域への普及を視野にいれた活動を行っている。

事例2：インド・マラバリのプロジェクト

このプロジェクトは、インド・カルナータカ州のマラバリにおける小規模CDMプロジェクトである。農業から発生するサトウキビの枯葉部分、ココナッツの葉や他のバイオマス残渣を使用して、発電を行う。これにより、化石燃料による発電を代替することで、年間約二万トン（CO_2換算）程度の温室効果ガス削減につながる。

このプロジェクトは、そうした温室効果ガスの削減ばかりでなく、様々な恩恵を地域にもたらす。例

表2　ゴールド・スタンダードのクレジット量およびプロジェクト数

（2008年9月時点）

項　　目	種別	年間クレジット量	プロジェクト数
ゴールド・スタンダードの取得が期待されるプロジェクト	総計	1500万トン	205
	CER	900万トン	102
	VER	600万トン	103
ゴールド・スタンダード・プロジェクトとして登録済みのプロジェクト	総計	100万トン	15
	CER	75万トン	7
	VER	25万トン	8

出所：ゴールド・スタンダード事務局ニュースレター（2008年9月号）よりWWFジャパン作成

ば、燃料となるバイオマスは、通常は野外で焼却されるか、あえいは腐るにまかせられていた。それを、発電事業者に売却することができるようになったことで、農家が新たな収入源を確保するばかりでなく、発電のために燃やされた後の灰は、再び農家に有機肥料として返される仕組みとなっている。また、サトウキビの枯葉などは、野外で燃やしてしまえば粒子状物質の排出につながったり、地下水の汚染につながったりするが、こうして有効活用されることで、それらの問題の解決にもつながる。さらに、バイオマス発電所の運用のために約六五〇人の新規雇用を創出している。

このプロジェクトは、二〇〇七年二月、ゴールド・スタンダードのプロジェクトとして初めて、実際にCERが発行された。

プロジェクトの数

以上の二つの事例は、ゴールド・スタンダードが適用された事例の中でも比較的初期の事例である。その数は、決して順調とはいえないものの着実に増加している。表2は、二〇〇八年九月時点で、ゴールド・スタンダードの適用が期待されているプロジェクトの数およびクレジット量と、すでに登録されているプロジェクトの数およびクレジット量である（ＣＤＭからのＣＥＲとボランタリー・オフセットからのＶＥＲ双方について）。

同時期に国連のＣＤＭ理事会の承認を得て登録されているプロジェクトの総数が一〇〇〇を超え、期待される年間クレジット量も二億トンを超えている（注８）のに対し、登録されているゴールド・スタンダードＣＤＭプロジェクトの数は七つで、年間クレジット量は七五万トンにとどまるため、依然として割合は小さい。しかし、ゴールド・スタンダードの取得が期待されるプロジェクト（いわゆる〝パイプライン〟にあるプロジェクト）の数は二〇〇を超え、総クレジット量は一五〇〇万トンに上る。これは、ＣＤＭ／ＶＥＲ市場の成熟とともにゴールド・スタンダードが徐々に伸び始めていることを示している。また、ＣＤＭなどのカーボン・マーケットの仕組みに慣れ始めた購入者がこうした「質」に着目したクレジットへの需要を高めており、ここ数年の動向が注目される。

4　ゴールド・スタンダードの成果・課題・展望

成果

ゴールド・スタンダードは、現存するＣＤＭマーケットの中で、持続可能な発展への貢献の高いプロジェクトを促進するツールとして、関係者の間では知られるようになってきた。ＣＤＭの「質」が議論される際には、ほぼ必ずといってよいほど言及されるようになってきた。一部の政府によるクレジット購入時の入札でも参照されたり、政府職員の出張のオフセットに使われたりするなど、ＣＤＭの持続可能性への貢献を考える際の一つの基準を提供しているといえる。

また、近年、ＣＤＭが急速に成長するにつれて、個々のプロジェクトの質の低さに関する問題も指摘されるようになってきた。追加性のないプロジェクトや、水力発電のためのダム建設による住民への影響など、様々な影響が指摘され、ＣＤＭに対する批判も強くなり始めている。そうしたＣＤＭ市場の中で、持続可能な発展への貢献をきちんとチェックすることができ、かつそれを客観的に示すことができる基準として、ゴールド・スタンダードの利用が推奨されるケースも増えてきた。

このように、ゴールド・スタンダードは、現状のＣＤＭが抱える諸問題に対する部分的な解決策として、一定の支持を集めてきているといえる。

課題と展望

しかし、通常のＣＤＭの承認プロジェクト数の伸びが制度開始当初に滞ったこともあり、前節でみた通り、現時点でもゴールド・スタンダード・プロジェクトの適用事例は期待したほどには増えていない。このため、ゴールド・スタンダードのクレジットの供給は決して順調に伸びているとはいえないし、全体のＣＤＭプロジェクトの中で占める割合はごくわずかにすぎない。これに対し、ＣＤＭクレジットの購入に慣れ始めた企業は、少数のプロジェクトからのクレジットに頼るのではなく、様々なプロジェクトからのクレジットをあえて購入することでリスクを下げることも考え始めたため、次第にゴールド・スタンダードへの需要を高めている。こうした需給のアンバランスから、一部、供給不足が発生している。需給のアンバランスは、それ自体が問題というよりも、端的に、ゴールド・スタンダードの基準を満たすようなCDMプロジェクトの数が現状のCDM市場では少ない、ということを如実に示しているといえる。

また、CDMの制度運用が始まり、当初の懸念に加えて、さらにいくつかの課題が持ち上がってきている。例えば、プロジェクトごとに追加性を審査することの限界や、DOEの審査の質に対する懸念などである。そうした制度上の課題については、ゴールド・スタンダード自体が対応できるようにはなっていない。その他、CDMが本質的に排出量削減のメカニズムである以上、そもそも排出量が少ない地域での、持続可能な発展への貢献の度合いは限定的なものとならざるをえない、といった問題も指摘されている。

ゴールド・スタンダードは、プロジェクトの審査の段階とその後の実施期間内におけるモニタリングにおいて、持続可能な発展への貢献を図る有用なツールではある。しかし、それでも全ての悪影響を完全に防ぐことができるわけではないし、また、CDMという仕組み自体が持っている限界を改善できるわけでもない。

こうしたゴールド・スタンダードでは対応しきれない課題に関しては、ゴールド・スタンダードだけでなく、他の制度的な改善も重要になってきている。今後は、根本的に、CDMという仕組み自体を改革するか、もしくは別の制度を構築するという作業が必要になってくるだろう。マーケットの中で持続可能性の価値を可視化していくゴールド・スタンダードの役割は大きく、今後もさらなる普及が望まれるが、持続可能な発展への貢献を確実なものとしていくためには、他の仕組みとの併用が必要になってきている。

注1——「マラケシュ合意」(Marrakesh Accords)は、京都議定書の実施に関する様々なルールを定めた合意文書の総称である。二〇〇一年にモロッコのマラケシュで開催されたCOP7で採択された。正式には、二〇〇五年に京都議定書の第1回締約国会議(COP/MOP1)であるモントリオール会議において採択された。該当部分は、FCCC/KP/CMP/2005/8/Add.1にある。

注2——本章で行うゴールド・スタンダードの解説は、あくまでゴールド・スタンダードという認証の意義とその仕組みのおおまかな理解の普及を意図したものであるため、ゴールド・スタンダードを実際に利用する際には、正規の文書を参照されたい。詳しくは、http://www.cdmgoldstandard.org/参照。

注3——FSC(Forest Stewardship Council、森林管理協議会)は、国際的な森林認証制度を行う第三者機関の一つで、環境保全の点からみて適切で、社会的な利益にかない、経済的にも継続可能な森林管理を推進することを目的としている。認証を受けた森林から生産された木材や木材製品(紙製品を含む)に、独自のロゴマークがつけられる。

注4——ゴールド・スタンダードは、厳密にはJIやボランタリー・オフセットにも適用可能である(コラム参照)。しかし、ここでは、本書のテーマであるCDMへの適用を主に念頭において説明を行う。

注5——詳細については、ゴールド・スタンダード事務局のウェブサイト http://www.cdmgoldstandard.org/ よ

り入手可能な「ゴールド・スタンダード要項（Gold Standard Requirements）」「ゴールド・スタンダード・ツールキット（Gold Standard Tool Kit）」「ゴールド・スタンダード・ツールキット附属書（Gold Standard Tool Kit Annexes）」という三つの文書を参照されたい。「要項」はゴールド・スタンダードに必要とされる条件・原則をまとめてあり、「ツールキット」とその「附属書」は、それらを実際に運用するにあたってのガイドラインという形になっている。

注6——「害を為すなかれ」は、元来は医療の現場での基本的な心構えとして伝えられてきたものである。様々な処置によって「何よりもまず患者に害を為すなかれ」というのが原義である。ここから転じて開発の分野においても、開発政策において、「まず当該地域・住民に害を為してはならない」という基本方針を指していわれるようになった。

注7——登録簿（Registry）は、ゴールド・スタンダードのプロジェクトやそこから発生しているゴールド・スタンダード・クレジットに関する情報を一括して管理するオンライン上のデータベースである。現在は、ＡＰＸという企業によって運営されている。http://goldstandard.apx.com/

注8——UNEP Risø Center “CDM Pipeline Overview” (September 1st, 2008). http://www.cdmpipeline.org/

第5章 カーボン・オフセット

西俣先子・足立治郎

カーボン・オフセットは英国や米国をはじめとして、世界的に取り組みが拡大している。カーボン・オフセットに利用されることが多いクレジットにVERがあるが（クレジットとVERについては後述する）、米国の調査会社の市場調査によれば、世界のVERの市場規模は、二〇〇六年から二〇〇七年にかけて、二四・六百万トンCO_2／年から六五・〇百万トンCO_2／年に拡大している（注1）。日本においても、「排出権付き×××」といった商品が数多く売り出されるなど、カーボン・オフセット活動やそれに類する活動が特に二〇〇八年に入ってから急速に普及している。

本章では、カーボン・オフセットの事例や各国における制度整備状況などについて述べ、現状と課題についても考察する。

1 カーボン・オフセットとは

カーボン・オフセットは、ある主体の温室効果ガスの排出を別の排出削減活動または吸収活動によって埋め合わせるものであるといえるだろう。このようにとらえると、京都メカニズムによって温室効果ガスの削減目標を達成するのもカーボン・オフセットであり、日本で行われている日本経団連の環境自主行動計画の目標達成のためにクレジットを用いて目標を達成するのも同様にカーボン・オフセットであるといえる。

環境省の「カーボン・オフセットのあり方に関する検討会」では、カーボン・オフセットの定義の明

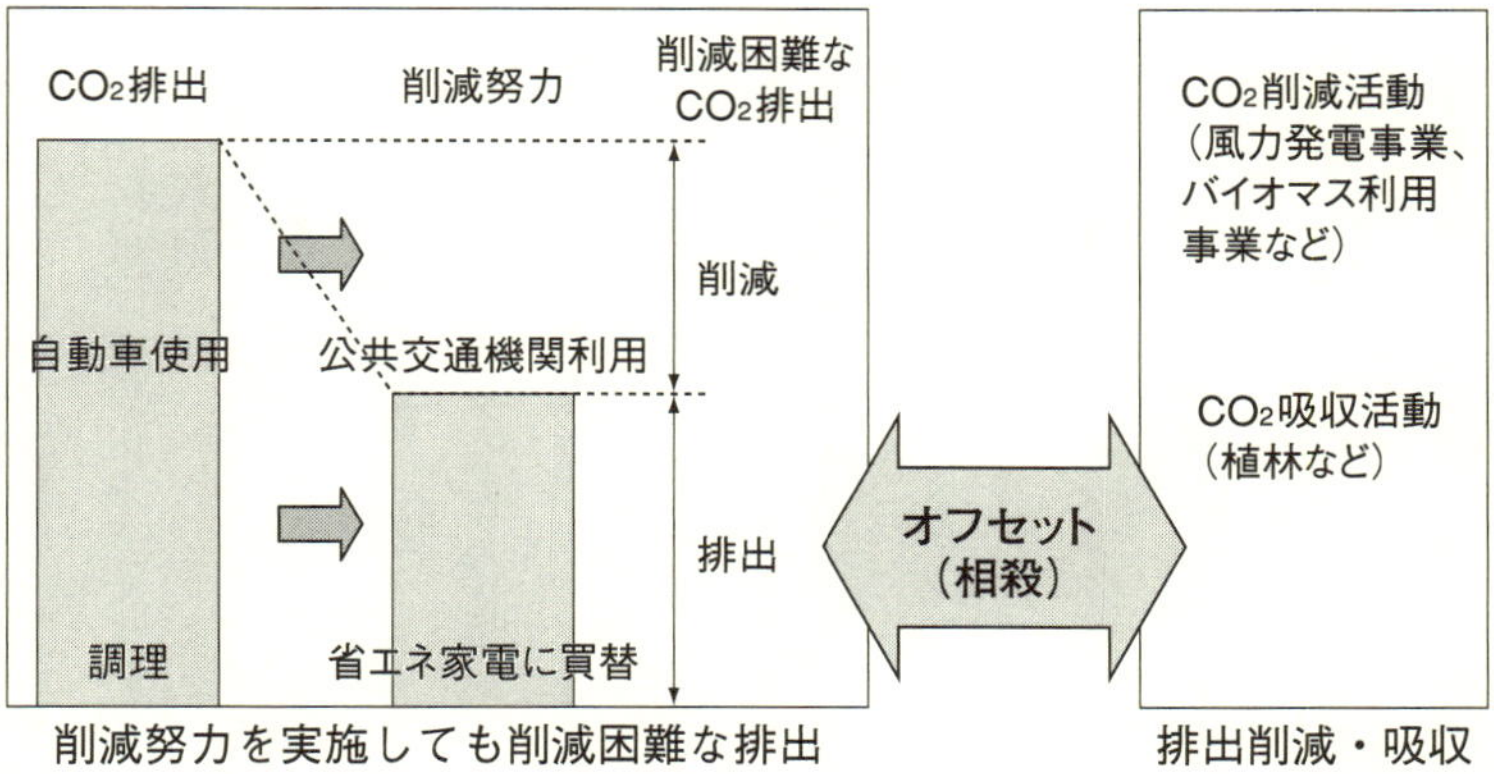

図1　環境省の定義によるカーボン・オフセットのイメージ
出所：著者作成

確化が必要であるという意見が提出され、同省の「我が国におけるカーボン・オフセットのあり方について（指針）」に環境省の定義が示されることになった（注2）。指針によると「市民、企業、ＮＰＯ／ＮＧＯ、自治体、政府等の社会の構成員が、自らの温室効果ガスの排出量を認識し、主体的にこれを削減する努力を行うとともに、削減が困難な部分の排出量について、他の場所で実現した温室効果ガスの排出削減・吸収量など（以下「クレジット」という）を購入すること又は他の場所で排出削減・吸収を実現するプロジェクトや活動を実施することなどにより、その排出量の全部又は一部を埋め合わせることをいう」とされている。環境省の定義によるカーボン・オフセットのイメージを図1に示した。現実的には、オフセットを行う主体が削減努力を行った上でどうオフセットに取り組むかは、主体の判断に委ねられている。

カーボン・オフセットについては、環境省に限らず定義を示している団体などがあり、また、企業などはそれぞれの解釈で用語を使用しているのが現状である。国内外のカーボン・オフセットの現状をみるかぎりにおいて、冒頭で述べた定義である「ある主体の温室効果ガスの排出を別の排出削減活動または吸収活動によって埋め合わせるもの」を用いて解釈している場合が多いと思われるため、本稿では特に断らない場合は、カーボン・オフセットという場合、この定義を採用することとする。

また京都議定書などの目標達成の義務の履行を主眼とするのではなく、個人や企業などが自主的に温室効果ガスの排出削減のために行うものをカーボン・オフセットと呼ぶケースが多いようである（注3）。本稿では、カーボン・オフセットの中でも便宜的に後者のものを中心に扱うこととする（注4）。

2 カーボン・オフセットとうたっている日本の取り組み事例

すでに述べたように、カーボン・オフセットは世界的に取り組みが拡大しており、日本でも二〇〇八年四月末の時点でカーボン・オフセットとうたった取り組みは約八〇件公表されている（注5）。ここでは、日本における企業などによるカーボン・オフセットとうたった取り組み事例の紹介とその現状について述べることにする。

カーボン・オフセットの取り組みは、日本に先行して、英国を筆頭とする海外諸国において広まった。

オフセットに取り組む主体として、個人や企業などが挙げられるが、企業においては、ＣＳＲや企業イメージの向上などを目的として取り組みが広がっているようである。日本では、以前からＮＰＯなどが植林活動等を通じてカーボン・オフセットを提供していたが、最近では表１に示すように朝日ネットや日本郵政などによるカーボン・オフセットとうたった取り組み事例が登場している。

前出の環境省のカーボン・オフセットの指針では、カーボン・オフセットを、①市場を通じて広く第三者に流通するクレジットを活用した「市場流通型」、②市場を通さずに特定者間のみで実施される「特定者間完結型」の二つに大別している。本稿では、「市場流通型」のみを扱うこととする。指針では、「市場流通型」をさらに「商品使用・サービス利用オフセット」「会議・イベント開催オフセット」「自己活動オフセット」の三タイプに分類している。

「商品使用・サービス利用オフセット」は、市民等が商品やサービスを利用する際に排出される温室効果ガス排出量について、当該商品・サービスとあわせてクレジットを購入することでオフセットするものである。「会議・イベント開催オフセット」は、国際会議やコンサート、スポーツ大会等の主催者がその開催にともなって排出される温室効果ガス排出量をオフセットするものである。「自己活動オフセット」は、自らの温室効果ガスの排出量を認識し、企業や市民等が他の場所で排出削減・吸収を実現するプロジェクトからのクレジットを購入することで、自らの活動にともなって排出される温室効果ガス排出量をオフセットするものである。

表1　カーボン・オフセットとうたっている取り組み事例

オフセット例	概　　要	オフセット手段	オフセット量
CO_2ゼロ旅行（JTB関東）	旅行時の移動等によるCO_2をグリーン電力証書購入によりオフセットする旅行を販売。	グリーン電力証書の購入	旅行中に排出されるCO_2量
カーボン・オフセット付き光接続サービス（朝日ネット）	光接続サービス利用によるCO_2をグリーン電力証書購入によりオフセットする、光接続サービスを提供。	グリーン電力証書の購入	月額100円分
洞爺湖サミット	G8代表団および関係者等の、国内外の移動、宿泊、会場でのエネルギー使用等による排出をオフセットするために、排出権を取得する。	主にCERの購入	25,000トン（事前算定）
三菱UFJ信託銀行	本店ビルの温室効果ガス排出量をオフセットするために排出権取得。	CERの購入	10,000トン
カーボン・オフセット年賀（日本郵政）	2008年の年賀状1枚55円のうち5円がCDMに寄付され、同等額を日本郵政も負担。 排出権は日本政府へ無償譲渡。	CERの購入	1枚あたり5円分
CO_2オフセット運動（ローソン）	買物で貯めたポイントまたは現金で、CO_2排出削減量と交換できる仕組みを提供。 排出権は日本政府への譲渡。	CER（アルゼンチンの風力発電）の購入	参加者が選択
カーボン・オフセット特典（JR西日本）	乗車等で貯めたポイントを、森林保全活動を行う団体へ寄付できる仕組みを提供。	森林保全活動への寄付	CO_2排吸収量は測定されない
カーボン・オフセット定期預金（滋賀銀行）	定期預金額の0.1%分の排出権を、銀行負担により購入する定期預金を販売。 排出権は日本政府へ無償譲渡。	京都クレジットの購入	預金額の0.1%分

出所：各種資料に基づき著者作成

この分類はオフセットの対象に基づいていると思われる。しかし、カーボン・オフセットと表現されている取り組みの中には、オフセットの対象・対象量が明確でないものもある。環境省の指針によれば、カーボン・オフセットとは、要約すれば、自ら削減努力をした上で削減が困難な部分の排出量の全部または一部を埋め合わせることである。この定義に基づけば、オフセットの対象・対象量が明確でないような取り組みをカーボン・オフセットと呼ぶことができるのかという疑問が生じる。

しかし、オフセットの対象・対象量が不明確であっても我々が日々の営みの中で温室効果ガスを何らかの形で排出しているのは確かである。対象・対象量が不明確であるという理由でオフセットではない、と切り捨てるのは気候変動防止に貢献するために温室効果ガスを削減するプロジェクトに対して支援したいというモチベーションや試みに水を差すことになりかねない。また、なかには自らの排出量を上回る量のクレジットを購入するような主体が現れる可能性もある。こうした取り組みをカーボン・オフセットではない別の取り組みとするのか、それともカーボン・オフセットとして取り扱うのか、この部分に関しては論者によって意見が分かれるところかもしれない。ただし、このような定義に基づく取り組み事例の整理は、制度構築の際などには必要な作業であり、カーボン・オフセットの信頼を構築する上でも重要であると思われる。さらに、取り組みがカーボン・オフセットと呼べるかという問題と同様に重要なのは、オフセットされているかという問題である。この点で注目すべきは、オフセットに利用されているクレジットである。さらにいえば、クレジットの中身（質）である。

次節では、オフセットに利用されているクレジットについて述べることにしたい。

3 カーボン・オフセットに使用されているクレジット

カーボン・オフセットは、温室効果ガスの排出を別の排出削減活動または吸収活動によって埋め合わせるわけだが、現実的には自らが他の場所で排出削減または吸収活動を実施することは、困難な場合が多い。そこで、現在カーボン・オフセットの方法として主流となっているのが、他者の実施する排出削減または吸収活動を支援するという方法であり、排出削減または吸収活動から創出されるクレジットを購入するという形がとられる場合が多い。

ここでは、カーボン・オフセット目的で購入されるクレジットの種類を、下記三つに分類してそれぞれについてみていく。なお、ここでは日本における状況を念頭に置くこととする。

・CER（CDMプロジェクトに基づくクレジット）
・国内のクレジット（日本国内で実施された排出削減または吸収活動に基づくクレジット）
・その他（CER以外の海外における排出削減または吸収活動に基づくクレジット）

CER

CERは京都議定書の中で定められたクリーン開発メカニズム（CDM）に基づくプロジェクトの実

施により創出されるクレジットである。そのため、カーボン・オフセットに使用する際には下記二点のメリットがあると考えられており、日本において実施されているカーボン・オフセットに関しては、CERを用いたものが多くなっている。

・削減または吸収量の確実性や、プロジェクト実施地への悪影響の防止等について、一定以上のレベルを確保できる。
・京都議定書附属書I国の目標達成に利用できる。

CDMプロジェクトは、複雑な方法論に則って実施され、プロジェクトのホスト国および投資国、指定運営組織（DOE）、CDM理事会の承認を得ていることから、一点目のメリットがあると考えられている（CER発行の手続きについては第2章参照）。

温室効果ガスの削減部分のみに注目すれば、CDM理事会はある程度厳しい審査をしており、追加性や排出削減量の計算等の問題によって理事会の承認を得られないプロジェクトも報告されている。しかし、持続可能な発展に関するチェックは不十分であるとの指摘もある（第2章参照）。第6章で論じられているが、CDM理事会の承認を得たプロジェクトの中にも、持続可能な発展の視点からみた場合や追加性の点で問題があり、NGO等によって問題があると指摘されるプロジェクトが存在する。

こうした現状から判断すると、CERであればどれでも高品質のクレジットであるというわけではなく、メリットとして示したように「一定以上のレベルを確保できる」という表現が適当であろう。

また二点目に関しては、CERであれば当然、第一約束期間の目標達成に利用可能である。カーボン・オフセットに使用されたCERの多くは、日本の償却口座に無償で移転され、日本の第一約束期間の目標達成に利用される。これは、別の見方をすれば、日本政府が京都議定書の目標達成のために個人や企業等にクレジットを購入させている（購入してもらっている）とみることもできる。政府によるカーボン・オフセットの推進は、京都議定書の目標達成のために個人や企業等にクレジットの調達費用を負担させる目的がある、との見方もある。

国内のクレジット

CERは京都議定書における非附属書I国（発展途上国）で実施された排出削減または吸収活動から創出されるクレジットであるため、日本国内の温室効果ガスの排出削減および吸収に寄与することはない。これに対して、国内で実施された排出削減または吸収活動から創出されるクレジットを、日本国内の排出に対するカーボン・オフセットに使用すれば、日本国内で相殺することができる。すでにオフセットに利用されている、またはその可能性のある国内のクレジットには、自主参加型国内排出量取引制度（JVETS）におけるクレジットや国内CDM（クレジット）制度における「国内クレジット」（注6）、国内のVERであるJ-VERがある。VERとは、京都議定書等の法的拘束力を持った制度に基づいて発行されるクレジット以外の、温室効果ガスの削減・吸収プロジェクトによる削減・吸収量

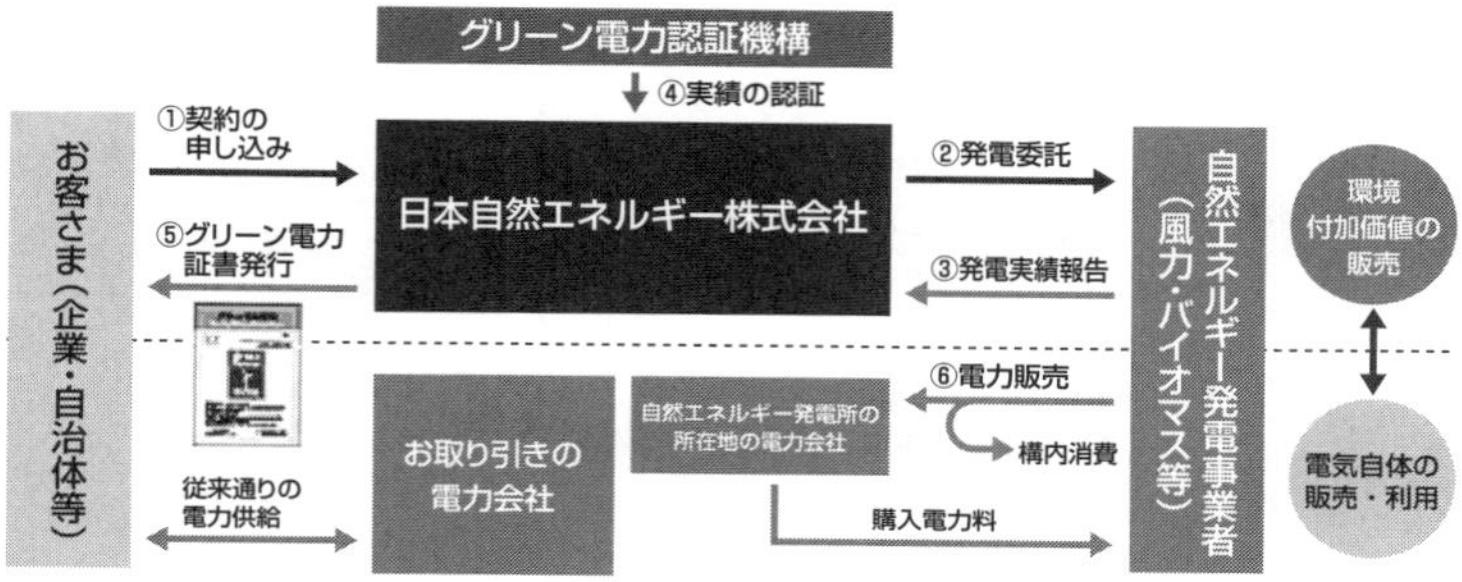

図2　グリーン電力証書の仕組み
出所：日本自然エネルギー株式会社 http://www.natural-e.co.jp/green/how_about.html

を表すクレジットである（注7）。環境省では二〇〇八年に「カーボン・オフセットに用いられるVERの認証基準に関する検討会」が設置され、VERの認証基準、VERの認証機関、VERの認証システム等について検討が進められた結果、二〇〇八年一一月一四日にJ-VER制度が創設された。

VERがカーボン・オフセットに用いられることで日本国内の温室効果ガス排出削減が進む可能性は高い。しかし、本当に削減が進むかはその質が確保されるかどうかによるだろう。

例えば、国内のVERの中でJ-VERとして認証されることが想定されているものの一つにグリーン電力証書がある。このグリーン電力証書を使用したカーボン・オフセットの実施も多いが、クレジットの質に関わるいくつかの指摘がされている。

グリーン電力証書は、風力、水力、バイオマス（生物資源）等の自然エネルギーにより発電された電気のうち、化石燃料削減やCO_2排出削減等の価値分に対して発行され、グリーン電力証書の購入により自然エネルギーの普及に貢献したとみなす仕組みである（図2参照）。

グリーン電力証書に対するクレジットの質に関わる指摘の中には、すでに採算ベースにのる形で行われていた既存のグリーン電力発電設備からの電気に対してグリーン電力証書が発行されているといった追加性の問題などがある（注8）。オフセットに使用するクレジットとして現時点でのグリーン電力証書が適切かどうか、検討すべき事項は少なくないといえるだろう。

グリーン電力証書以外にも、日本国内における植林活動による独自クレジット等を用いたカーボン・オフセットの事例も見受けられる。カーボン・オフセットの推進によって日本国内の温室効果ガスの着実な排出削減を実現するためには、こうした国内のクレジットの一定以上の質を確保するための仕組みづくりが早急に求められる。

その他

CERおよび日本国内のクレジットのほかにも、CER以外の京都議定書関連のクレジットや、海外において実施された排出削減または吸収活動に基づく海外のVERが、カーボン・オフセットに使用される可能性がある（注9）。

京都議定書関連のクレジットは、一応質をチェックする体制があるが、VERは世界基準となる認証方法や、基本的に法律に基づく規制が実施されているわけではない。

近年ではVERの取引が増加し、クレジットの質に対する問題が指摘されるなかでNGOらによってVER検証・認証基準がつくられてきている。

海外のＶＥＲ検証・認証基準としては、本書の第4章で紹介されているゴールド・スタンダードが挙げられる。ゴールド・スタンダードはＣＤＭプロジェクトおよびクレジットに関する認証基準であるが、ＶＥＲのようなボランタリー・クレジットが注目され、取引も活発化している現状を受けてＶＥＲ用のゴールド・スタンダードの基準が開発されている。また、ボランタリー・カーボン・スタンダード（ＶＣＳ）も一例である。ボランタリー・カーボン・スタンダードは、国際排出権取引協会（ＩＥＴＡ）、The Climate Group、持続可能な発展のための世界経済人会議（ＷＢＣＳＤ）、世界経済フォーラム（ＷＥＦ）によって、二〇〇五年に開発されたＶＥＲの検証・認証基準である。ＣＤＭと類似のプロセスを経たプロジェクトに対して、クレジットが発行される。

本稿でとりあげた以外にも検証・認証基準が存在しており、基準の厳格さもそれぞれ異なっている。こうした現状から、多様な質のクレジットがＶＥＲマーケットに存在することが、容易に想像がつくだろう。

ここで紹介したようなクレジットを用いてカーボン・オフセットの取り組みが行われているわけだが、次節以降、クレジットの質とオフセットの信頼性の確保に関する動きをみるという意味で、日本および諸外国のカーボン・オフセットに関する制度の整備状況、オフセット・プロバイダーやその評価の取り組みについて述べることにしたい。

4 カーボン・オフセットに関する制度整備状況

カーボン・オフセットの取り組みが先行している欧米諸国では、制度整備も日本に先行して行われている。英国・フランス・米国・オーストラリアなどがカーボン・オフセットに関するガイドラインを公表または検討中である。ここでは、日本、およびすでに政府によって公表されている英国とフランスのガイドライン（またはドラフト）を例にとり、カーボン・オフセットの信頼性やクレジットの質の確保に関連すると思われる事項を中心にみていくことにする。

日本における制度整備状況

環境省による指針

環境省は、二〇〇七年九月から五回にわたり開催された「カーボン・オフセットのあり方に関する検討会」での議論と、パブリックコメントの結果を踏まえ、二〇〇八年二月七日に「我が国におけるカーボン・オフセットのあり方について（指針）」を公表した。本稿ではすでにこの指針を引用しているが、ここでは指針の概要を把握することにしたい。

指針は下記五つから構成されている。

1. カーボン・オフセットのあり方に関する指針を検討する背景
2. カーボン・オフセットのあり方に関する指針を策定する目的
3. 我が国におけるカーボン・オフセットのあり方について（指針）
4. 我が国におけるカーボン・オフセットの取組に対する支援のあり方について
5. その他

背景

カーボン・オフセットの取り組みにより、市民・企業・NPO／NGO・自治体・政府等の社会構成員の主体的な削減取り組みを促進し、国内外の温室効果ガス排出削減・吸収や公害対策、持続可能な発展を実現するプロジェクトの資金調達に貢献することが、意義・効果として期待されている。

効果が期待される一方、カーボン・オフセットの取り組みに対する認識の向上や、関連市場の育成、信頼性の構築を課題として挙げている。なお、信頼性を構築する上で、オフセットに用いられるプロジェクトの排出削減・吸収の確実性・永続性の確保や、オフセット・プロバイダーの活動の透明性の確保などの課題が指摘されている。

目的

指針策定の目的として、下記四点が挙げられている。

1. カーボン・オフセットに関する理解の普及
2. 民間の活力を生かしたカーボン・オフセットの取組の促進と適切かつ最小限の規範の提示
3. カーボン・オフセットの取組に対する信頼性の構築
4. カーボン・オフセットの取組を促進する基盤の確立

指　針

指針部分は下記の七項目よりなっており、カーボン・オフセットの取り組みは各事項を満たして行われることが望ましいとされている。

1. カーボン・オフセットの基本的要素と類型
2. 温室効果ガスの排出削減努力の実施
3. カーボン・オフセットの対象とする活動からの排出量の算定方法
4. カーボン・オフセットに用いられる排出削減・吸収量（クレジット）
5. オフセットの手続
6. カーボン・オフセットの実施に際しての透明性の確保
7. カーボン・オフセットに関する第三者認定とラベリング

指針のポイントについては、項目ごとに表2に整理した。クレジットの質の確保とカーボン・オフセットの信頼性の確保に関わる部分は4. カーボン・オフセットに用いられる排出削減・吸収量（クレジ

表2 「我が国におけるカーボン・オフセットのあり方について(指針)」のポイント

項目		ポイント
1. 基本的要素と類型	類型	カーボン・オフセットは下記2つに大別されている。 ①市場を通じて第三者に流通するクレジットを活用したカーボン・オフセット(市場流通型) ・商品使用・サービス利用オフセット ・会議・イベント開催オフセット ・自己活動オフセット ②市場を通さずに特定者間のみで実施されるカーボン・オフセット(特定者間完結型)
	指針対象	本指針は、主に上記①市場流通型について適用される。
2. 排出削減努力の実施	排出削減努力	オフセットする前に、まず排出削減努力をする必要があるとの観点から指針を示している。 ・オフセットを行おうとする者が、まず自らの排出量を認識した上で、可能な限り排出削減努力を実施することが望ましい。 ・排出削減実施には、まず温室効果ガス排出量の「見える化」が重要であり、「見える化」情報を提供する必要がある。 ・排出削減を適切に実施するため、生活・事業活動の場面に応じてどのような排出削減の手法があるか、どの程度削減可能かについて有用な情報を明示・周知する必要がある。
3. 排出量の算定方法	範囲(バウンダリ)	・原則としてオフセットを行おうとする者が主体的に選ぶ。 ・広めにとることが望ましい。
	算定方法	・公的機関が基本的かつ簡易な手法を提示することが有益。
4. クレジット	検証	・第三者機関による検証が行われていることが必要。 ・当該第三者機関の能力等について、公的機関が確認する仕組みが必要。
	クレジットの種類	オフセットに用いられるクレジットとして下記が提示された。 ・京都メカニズムクレジット ・自主参加型国内排出量取引制度で用いられる排出枠 ・一定の基準を満たすVER 等 (この一定基準は公的機関が検討・策定する必要がある。)
	クレジットの管理	・同一のクレジットが複数のカーボン・オフセットの取組に用いられてないことを確保するため、公的機関等が必要な基盤整備を行うこと等の取組が必要である。
5. 手続	オフセットの手法	・当該オフセット以外の用途に用いられることがないよう、管理されたシステム上で無効化(償却注10又は取消注11)する必要がある。 ・京都メカニズムクレジットを用いる場合で、「京都議定書の削減約束の観点からみて排出量をオフセットしている」と言う場合は、国別登録簿上で償却することとなる。
	オフセット実現までの期間	・排出またはオフセットサービスの購入から、一定期間内に、クレジットを無効化し、オフセットを実現する必要がある。 ・当面は、遅くとも半年から一年以内にオフセットを実現することが望ましい。 ・可能な限り早急に無効化する必要があるが、無効化までの期間が一年を超える場合もありうる。
6. 透明性の確保	説明・情報公開	・オフセットサービス等を購入する消費者に対し十分な説明がなされることが必要である。 ・カーボン・オフセットの取組を行う者は、オフセット関連事業の収支等のうち必要な情報を公開することが求められる。
7. 第三者認定とラベリング	第三者認定	・本指針の各事項に関する一定の基準を満たしていること等について第三者機関による認定を受けていることが望ましい。
	ラベリング	・信頼性構築・オフセットの取組促進のため、第三者機関による認定を受けたサービス・商品、企業、会議・イベント等は、当該認定を示す一定のラベリングを行えるようにすることが望ましい。

出所：指針より　著者作成

ット）以降である。具体的には、オフセットに用いられるクレジットの検証が第三者機関によって行われる必要性と、第三者機関の能力を公的機関が確認する仕組みづくりの必要性、オフセット実現までの望ましい期間、消費者に対するオフセット事業の情報公開の必要性、第三者機関による認定を受けたサービス・商品および企業等は当該認定を示す一定のラベリングを行えるようにすることが望ましいとされる点が述べられている。

支援のあり方

日本におけるカーボン・オフセットの取り組みはまだ緒についたばかりであることから、指針の提示などに加え、政府・自治体等は、以下のような支援を行い、その普及を図る必要があるとされている。

・カーボン・オフセットに関するプラットフォームの創設
・カーボン・オフセット事業モデルの公募・表彰及び政府、自治体等による率先垂範
・カーボン・ニュートラルの推進

その他

指針は、適宜見直しを行っていくことが望ましいとされている。

環境省は、指針とともに、カーボン・オフセットの取り組みの急速な増加を背景として国内排出削減プロジェクトからのＶＥＲ認証・管理試行事業及びカーボン・オフセットの取組に係る第三者認定試行

事業を今後実施する旨を二〇〇八年六月一六日に発表した（注12）。

こうした政府の動向を把握するのみでなく、ＮＧＯや市民などは、望ましい制度整備が着実に行われているかをチェックしていく必要があるだろう。

次に諸外国におけるカーボン・オフセットの制度整備状況をみていこう。

諸外国における制度整備状況

英国

英国環境・食料・農村地域省（ＤＥＦＲＡ）は、二〇〇八年二月に「Draft Code of Best Practice for Carbon Offset Providers」（注13）を公表した。パブリックコメントにかけられていたが、その結果を反映したものは二〇〇八年九月末時点では公表されていない。

ガイドラインでは、カーボン・オフセット商品を販売するプロバイダーに品質マークを付与するためのプロセスについて規定されている。ガイドラインの構成は下記の通りである。

1. イントロダクション
2. コードの要件
3. 認定
4. 排出量算定

5. 環境十全性
6. 消費者への情報提供
7. 品質マーク
8. 認定機関の役割

ガイドライン中の「5. 環境十全性」では、品質マーク付与の条件の一つとしてクレジットを京都議定書関連クレジット（CERs、EUAs、ERUs）に限定している。これは、削減・吸収量の確実性を担保するためであるという。カーボン・オフセットの取り組みにおいても、CERの担う役割は大きいといえよう。

また、「6. 消費者への情報提供」では、オフセット・プロバイダーに対して、カーボン・フットプリントの削減の重要性、および気候変動に取り組む上でのオフセットの役割について消費者に説明するよう求めている。これは、消費者はオフセットを行う前に排出を抑制・削減する努力をすべきであるとの考え方に基づくものであることが説明されている。

フランス

フランスの環境・エネルギー開発庁（ADEME）は、二〇〇八年三月に「Charter for Voluntary Carbon Offsetting」（注14）を公表した。これは、自主的な温室効果ガスオフセットプログラムの排出量算定や透明性などについて質および厳密さを担保するため、プログラムにおけるベスト・プラクティスのガイドラインを構築する目的で策定された。ガイドラインの構成は下記の通りである。

1. 目的
2. ボランタリー・オフセットの定義
3. 対象とするオフセットプロジェクト
4. 加盟プロバイダーによる遵守
5. Club of Emission Offset Businessesメンバーによる遵守
6. モニタリング事務局の役割

ガイドライン中の「3. 対象とするオフセットプロジェクト」では、クレジットの種類は英国のように限定はせず、排出削減が事実であり、検証可能であり、追加的で、永続的で、保証されているクレジットであればどんなものでも認めるとしている。

こうしたプロジェクトの要求事項の一つに「持続可能な発展に対する便益」が挙げられている。プロジェクト実施地域の人々の社会・経済の関心を尊重し、持続可能な発展に悪影響を及ぼさない、また他の場所に環境面での悪影響を及ぼさないという証拠を提示すべきであるとしている。そのために、プロバイダーはガイドラインに添付されている持続可能な発展に関する分析シート（表3）を作成しなければならない。このシートは、一般的に持続可能な発展を評価する際の基本とされている環境・経済・社

表3　持続可能な発展に関する分析シート

指　標		A	B	C	コメント
環境	省エネ				
	地域エネルギーの独立性				
	大気質				
	騒音				
	廃棄物				
	生物多様性				
	水（汚染、枯渇）				
	土壌の質				
	自然災害				
	その他				
経済	地域経済発展				
	スキルおよび専門的技術の発展				
	技術移転および技術革新				
	生活コストの削減				
	収入創出活動を含む、地域雇用				
	その他				
社会	人権				
	男女平等および尊重				
	土地利用計画				
	社会的一体性（social cohesion）				
	健康				
	食糧安全				
	その他				

出所：Charter for Voluntary Carbon Offsetting, Appendix 3より作成

会の三項目からなっている。三項目はそれぞれ一〇、六、七つの個別指標があり、個別指標ごとに好影響（A）、影響なし（B）、悪影響（C）、の三段階でチェックを入れるようになっている。

この他には、プロバイダーは削減努力が優先であることについて明記することや、プロジェクトの情報等をウェブで公開することなどが定められている。

英国のガイドラインでは、現段階においてはオフセットに用いるクレジットとしてVERを対象としていないのに対して、クレジットの種類は限定しないのがフランスのガイドラインの特徴である。英国のガイドラインのように、国際的な認証・検証方法、登録や取消基準等がない状況でVERを対象としないという規定は、カーボン・オフセットに使用するクレジットの質を考慮し、カーボン・オフセットの信頼性を確保するという意味で一つの判断基準であるといえよう。

他方でフランスのガイドラインは、クレジットの種類を限定していないが、温室効果ガスの削減に関する要件に加えて、持続可能な発展もプロジェクトの要求事項に含まれている。フランスのガイドラインの場合、広い意味でのクレジットの質を考慮し、カーボン・オフセットの信頼性を確保するための配慮がなされているといえるだろう。

5 オフセット・プロバイダー

カーボン・オフセットの取り組みの広がりを背景に、主に個人向けにカーボン・オフセットを提供するオフセット・プロバイダーと呼ばれる組織が増加している。ここでは、オフセット・プロバイダーの役割やプロバイダーの評価の取り組みについてみていく。

オフセット・プロバイダーの役割

オフセット・プロバイダーとは、カーボン・オフセットの実施を望む個人等に代わって、オフセットの対象となる温室効果ガス排出量の算定から、クレジットの調達、償却または取消までを実施する組織である（図3）。

前述の通り、個人等が自ら他の場所で排出削減または吸収活動を実施することは困難な場合が多く、さらにクレジットを自ら調達するのも困難である。なぜならば、排出削減または吸収活動はある程度の規模で実施されているため、そこから創出されるクレジットは個人等が排出する温室効果ガスの量よりもはるかに多いためである。また、企業等がオフセットを実施し、多量のクレジットを要する場合もクレジット購入には様々なリスクが伴う。さらに、自らの活動に伴う温室効果ガスの排出量を算定することや、購入したクレジットを償却口座に移転すること等には手間がかかる。これらに対応するのが、オ

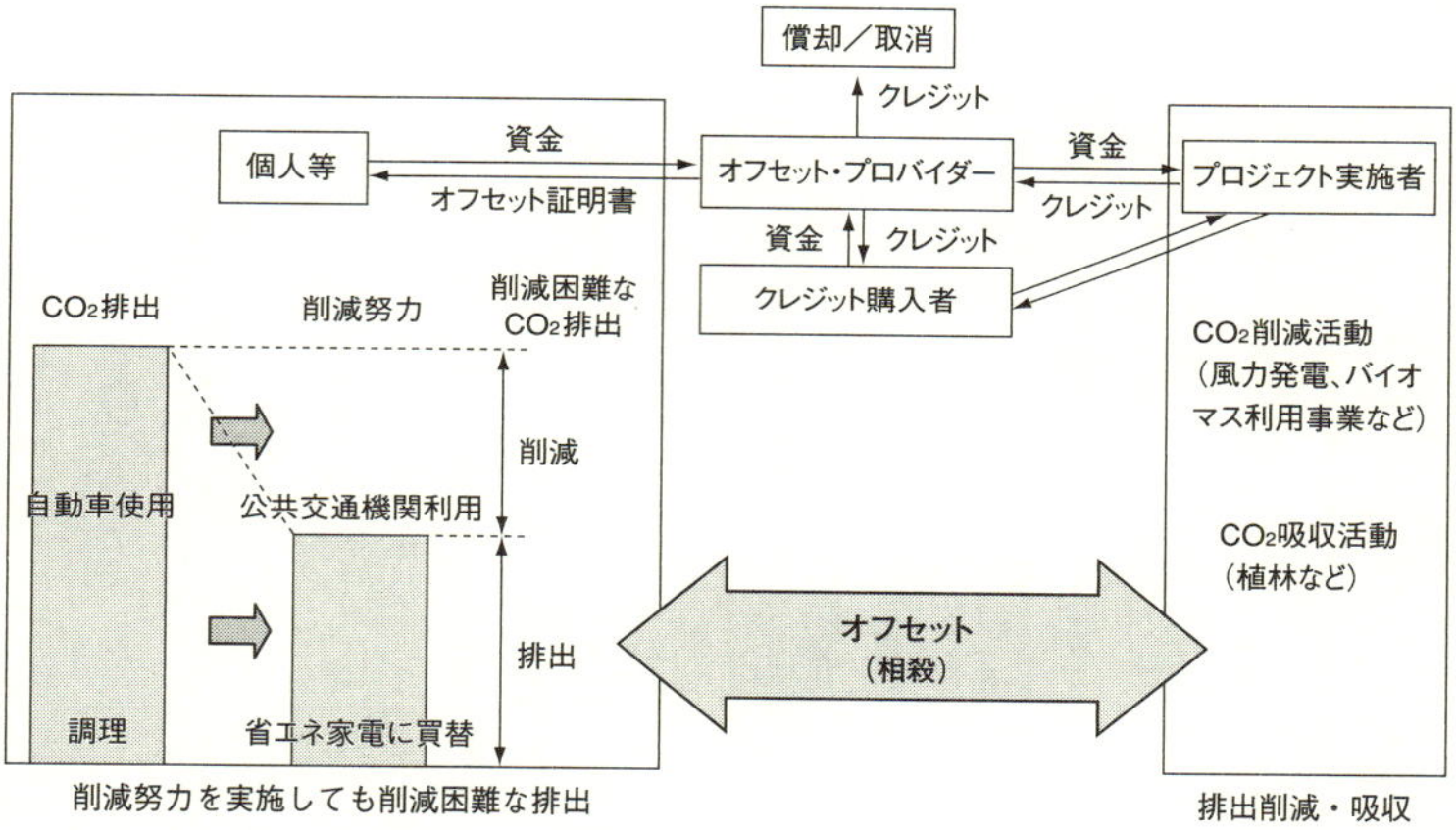

図3　オフセット・プロバイダーの役割
出所：著者作成

フセット・プロバイダーである。

カーボン・オフセットの取り組みが先行している欧州や北米等では、オフセット・プロバイダーの数も多く、英国は60社程度存在するという（注15）。日本においても、（株）ＰＥＡＲカーボンオフセット・イニシアティブ（注16）や日本カーボンオフセット（ＣＯＪ）（注17）、リサイクルワン（注18）などいくつかのオフセット・プロバイダーができている（コラム参照）。これらのプロバイダーは、主に個人や企業向けにオフセット事業を展開している。

オフセット・プロバイダーのオフセット事業は、各社によって異なる特徴を有している。オフセットに取り組む個人や企業等は、各プロバイダーの特徴を把握した上で自らの目的に合致したプロバイダーを選択することが重要であろう。

◉コラム5

国内のオフセット・プロバイダー

国内のオフセット・プロバイダーの事業展開について、ここでは、本文中でとりあげたプロバイダー、(株)PEARカーボンオフセット・イニシアティブ、日本カーボンオフセット(COJ)、リサイクルワンについて紹介したい。

(株)PEARカーボンオフセット・イニシアティブ(二〇〇七年八月に設立)

個人向けにはPEARカーボンアカウントというツールが用意されており、日常生活における様々な消費活動によるCO_2排出量を確認し、自由にオフセットすることができる。PEARの特徴としては、下記のような点が挙げられる。

・市場に流通するクレジットを購入するのではなく、自ら排出削減プロジェクトを実施。

・発展途上国の持続可能性に大きく貢献するタイプの排出削減プロジェクトに限定。

「地球のために減らす」「日本の京都議定書目標達成に寄与する」という二つのオプションから選択可能。

・オフセットの割合は、自由に選択可能(百%以上のオフセットも可能)。

なお、オフセットのために実施される排出削減プロジェクトはウェブ上に公開されており、二〇〇八年二月の時点では三件のプロジェクトが進行中である。

日本カーボンオフセットCOJ(二〇〇七年九月に設立)

市民がCOJのウェブサイトで算出した生活CO_2のオフセット、企業等が市民(消費者)に提供する各種商品・サービスへのオフセットの組み込み、企業等の構成員(従業員)へのオフセットプログラムの提供、といったオフセット事業を展開している。企業を対象としたオフセット活動については、二〇〇八年二月の時点でウェブ上には二一社がCOJ会員として掲載されている。例えば、西友はカーボン・オフセット付き商品（エコバック等）を販売し、その収益の一部を用いてCOJが排出権を調達している。また市民に対しては、COJのウェブ上で日常生活におけるCO$_2$排出量を計算し、自由にオフセットすることができる。

COJのオフセット事業の特徴としては、下記のような点が挙げられる。

・オフセットにはCER（CDMによるクレジット）のみを用いる。

・オフセット相当分の排出権は、日本の国別登録簿の償却口座に無償で移転することで、日本の京都議定書遵守に貢献する。

リサイクルワン（二〇〇八年一月より英国カーボンニュートラル社と提携）

一九九七年からカーボン・オフセット事業に着手し、二〇〇を超える企業と五〇万人を超える個人にカーボン・オフセット・サービスを提供してきた企業である英国カーボンニュートラル社と提携し、日本におけるカーボン・オフセット事業を開始した。リサイクルワンは、自社の商品・サービスから排出されるCO$_2$のオフセット、自社の施設や業務から排出されるCO$_2$のオフセットといった二種類のオフセット事業を展開している。

PEAR、COJは個人向けのオフセットも提供していたが、リサイクルワンは法人向けのサービス提供がメインのようである。リサイクルワンのオフセット事業の特徴としては、下記のような点が挙げられる。

・顧客の目的に合わせ、最適なプロジェクトからの排出権を提供する。

・カーボンニュートラル社の品質基準に基づきオフセット事業を行い、運営システムや排出権管理システムについてはKPMG（オランダを本拠地とする国際的監査法人）の監査を受けている。

紹介した以外にも、日本国内にオフセット・プロバイダーはいくつか存在しており、今後さらに増えることが予想される。

オフセット・プロバイダーの質

日本国内のプロバイダーはまだ一〇社程度であるが、すでに述べたようにカーボン・オフセットの取り組みが先行している欧米には多くのプロバイダーが存在している。これらプロバイダーの提供するサービスの質にはばらつきがある。しかしそのことが消費者からはみえ難いという問題点がある。カーボン・オフセットの信頼性を確保するためには、オフセット・プロバイダーによる質の高いサービスの提供が大きな鍵となる。そこで、近年プロバイダーを独自基準によって評価する取り組みが見受けられる。

例えば、二〇〇七年一二月に米国の非営利団体Clean Air-Cool Planetから発表された、プロバイダーをランキングしたリポート「A Consumer's Guide to Retail Carbon Offset Providers」（注19）がある。リポートでは、下記の七つの評価基準を使用して、プロバイダーのウェブサイトやオンライン調査（全プロバイダーに実施したわけではない）に基づき、個人向けオフセット・プロバイダー三〇団体を評価している。

1. プロバイダーが提供するオフセットの品質
2. プロバイダーがオフセットを仕入れる際の品質評価能力
3. プロバイダーの運営およびオフセット商品選択の透明性
4. オフセット品質の技術的な観点からの理解

（追加性、ベースライン設定、リーケージ等の様々なオフセットの品質に関わる技術的な要素の理解）

5. 地球温暖化や政策についての消費者向け教育の優先度
6. 副次的な環境・持続可能な発展に資するベネフィット
7. 第三者機関によるプロトコルおよび認証の活用

これらの評価の結果、上位三社はDriving Green（アイルランド共和国等）、atmosfair（ドイツ）、The CarbonNeutral Company（英国）であった。例えばatmosfairは、提供するプロジェクトは全てゴールド・スタンダード（第4章参照）であることや、個々のプロジェクトの詳細情報をウェブサイトで閲覧可能であることなどが評価された。ただし、リポートでも指摘されているが、評価に利用した情報は限られており、この結果が全てではないことに留意されたい。

評価基準の選択や評価方法、情報収集などについては改善の余地があるかもしれないが、こうしたオフセット・プロバイダーの第三者による評価は、オフセットに取り組む個人や企業等にとってプロバイダー選択の際に有用な情報を提供している。

以上、カーボン・オフセットの信頼性の確保に関連する動きとしてオフセット・プロバイダーの評価の取り組みをみてきた。こうしたNGOなどによる客観性のあるオフセット・プロバイダーに対する評価は、カーボン・オフセットの取り組みの拡大とともに、日本においても求められるようになるだろう。なお日本においては、環境省が「カーボン・オフセットの取組に係る信頼性構築のための情報提供ガイドライン」を制定し、さらに「カーボン・オフセットに対する第三者認証機関による認証基準」の策定を進めている（注20）。政府やＮＧＯなどの多様なセクターからの情報は、カーボン・オフセットに取り組む際のあらゆる判断材料となろう。

6　カーボン・オフセットの課題および議論

これまで述べたように、カーボン・オフセットの取り組みが今後も拡大する可能性は高く、各国レベルにおいてオフセットの信頼性と利用されるクレジットの質の確保のための制度の整備なども進められつつある。本節では、クレジットの質の確保の視点からカーボン・オフセットの課題を確認するとともに、その他のオフセットに関する課題や議論のポイントをいくつか挙げることにする。

いくらカーボン・オフセットの取り組みが広がっても、利用するクレジットの質が悪い場合、すなわち、追加性がないクレジット、ダブルカウントされているクレジット、計測誤差が大きいクレジット、ホスト国住民に悪影響を与えるプロジェクトからのクレジットなどである場合、これを利用してオフセットを行っても温室効果ガスの削減や持続可能な発展に結びつくとはいい難い。クレジットの質が確保されなければ、カーボン・オフセットの取り組みが社会的な信頼を得て、広がっていくのは難しいだろう。

ＣＤＭとの関連でいえば、ＣＤＭプロジェクトによるＣＥＲは、ＣＤＭ理事会の承認を得ていることから、一般的にカーボン・オフセットに取り組む個人や企業などにおいて、クレジットの中では一定の質が確保されているものと認識されている。しかし、本稿の３節で述べたように、ＣＥＲが発行されているCDMプロジェクトの中にはNGO等によって問題があると指摘されるプロジェクトもある。クレジットに対する信頼が維持・確保されるためにもこうしたCDMプロジェクトのチェックの強化が求められる。

このように、CERでさえ問題が指摘されるプロジェクトによるクレジットがある中で、カーボン・オフセットに利用されている主要なクレジットであるVERは、世界基準となる認証方法や、基本的に法律に基づく規制が実施されていない。質の悪いVERの氾濫の可能性が否定できないのが現状なのである。仮に極度に質の悪いVERがカーボン・マーケットでやり取りされ続ければ、質のよいクレジットが評価されない事態が生じる可能性、カーボン・マーケットそのものや取引されているクレジット全般の信用が失われることが考えられる。そうなれば、これを利用するカーボン・オフセットの信頼も失われかねない。オフセットを推進する国は、各国レベルにおけるVERの質のチェックのための仕組みづくりが求められる。

日本国内に目を向けてみると、オフセットの信頼性や使用するクレジットの質の確保という観点からみれば、カーボン・オフセットのための制度整備はまだ始まったばかりであり、オフセット・プロバイダーの質の検証については、気候変動対策認証センターによる「あんしんプロバイダー制度」が創設されたものの、まだこれからというところである。政府はカーボン・オフセットを推進するという立場に立つ以上、カーボン・マーケットのクレジットが玉石混交であるという認識に立って制度整備を進める必要がある。個人や企業などもまた、同様の認識の下でカーボン・オフセットに取り組むことが求められるだろう。

カーボン・オフセットで利用されるクレジットの質のチェックが求められるが、あまりにも厳しいチェックが行われる場合、クレジットの創出が進まず、カーボン・オフセットの取り組みが広がり難くなる可能性がある点にも留意が必要であろう。政府等は、カーボン・オフセットを温室効果ガスの排出削減に着実につなげる方策として推進する場合、クレジットの一定の質を確保しつつクレジットの創出を促すという困難な課題に対する挑戦が求められる。

次に、カーボン・オフセットに関するその他の課題や議論のポイントを挙げておきたい。

まず、オフセットに先進的に取り組んできた英国などにおいて、オフセットが免罪符となり実質的な削減に結びついていないといった問題が指摘されている（注21）。

他にも、オフセットを行えば排出削減努力をしなくてもよいとの考えの流布、オフセット付きの商品やサービスに関しては、オフセット付きであることが商品の差別化であり、消費をあおる可能性がある点、オフセット商品やサービスに関する表示などの情報提供の不十分さ（注22）、単一のクレジットが複数のオフセット活動に使用されること（ダブルカウント）などの懸念が指摘されている。

こうした課題や議論が複雑化すればするほど、特に個人などは、自らが実施したオフセット活動がどういったプロジェクトにより実現され、クレジットがどう使われたのかわからずに資金だけ拠出するという事態になりかねない。

カーボン・オフセット活動が適切に実施されることで低炭素社会の実現が着実に進むことを望むならば、ここで挙げたような課題、特にクレジットの提供側としては透明性および説明責任を強く念頭に置く必要があり、クレジットを利用する側としては、自分たちの行動や責任に対する十分な理解が必要だろう。

おわりに

本稿では、ＣＤＭと関連するカーボン・マーケットをめぐる動きとしてカーボン・オフセットをとりあげ、事例や各国における制度整備状況、オフセット・プロバイダー関連の動き、オフセットの課題などをみてきた。本稿がカーボン・オフセットの概要や現状の把握、オフセットのあり方を考える上で読者の方々の一助となれば幸いである。

以降、繰り返しになる部分もあるが、カーボン・オフセットと、ＣＥＲを含む多様なクレジットやカーボン・マーケットとの関わりについて再度確認して本稿を締めくくることにしたい。

カーボン・オフセットには、国際機関によって一定以上の質が確認されているＣＥＲを含む京都議定書関連のクレジット、オフセットの提供者や民間の審査機関などによる独自の基準で認証されたクレジットを含むＶＥＲなど、様々なクレジットが利用されている。つまり、カーボン・オフセットは、京都メカニズムによるクレジットのマーケットと、ボランタリー・クレジットのマーケットの、全てのカーボン・マーケットに関わる取り組みであるといえる。

京都メカニズムによるクレジットのマーケットに加えて、現在、ボランタリー・クレジットのマーケットが急速に拡大し、カーボン・マーケット全体の規模が拡大している（注23）。

カーボン・マーケットのクレジットを海外と国内という視点でみた場合、国内のクレジットのカーボン・オフセットへの利用には、海外のクレジットの利用では得られない利点がある。仮に先進国のある国において国内で実施された排出削減プロジェクトからのクレジットを利用したカーボン・オフセットが行われる場合、その国内の温室効果ガスの排出削減や吸収活動を推進させ、省エネ設備などの導入に踏み切れない中小企業などへのインセンティブ供与などにもつながる可能性がある。これは、海外で創出されるCDMなどによるクレジットを利用したオフセットでは、想定できない可能性である。

幅広く多様なクレジットの利用が考えられるカーボン・オフセットの取り組みの拡大とこれに利用されるクレジットのマーケットの拡大は、こうした様々な可能性を広げるととらえることができる。

しかし、多様なクレジットが供給されることによるカーボン・マーケットの拡大には、懸念も多く指摘されている。例えば、これまで述べたように、極度に質の悪いクレジットが市場に供給されてマーケットが混乱する可能性や、金融バブルと同じようなカーボン・バブルさえ懸念されている。政府は、カーボン・オフセットを推進するのであれば、拡大するカーボン・マーケットをどう取り扱うか（どう適正に管理・規制するか）という視点を持つことが重要であろう。

注1——世界のVER市場規模（ボランタリー市場合計）は、店頭取引（Voluntary OTC Market）とシカゴ気

候取引所（ＣＯＸ）の合計により算出されている。Ecosystem Marketplace（2008）“State of the voluntary carbon markets 2008”
http://www.ecosystemmarketplace.com/documents/cms_documents/2008_StateofVoluntaryCarbonMarket2.pdf

注2――環境省（二〇〇八年二月七日）「我が国におけるカーボン・オフセットのあり方について（指針）」
http://www.env.go.jp/earth/ondanka/mechanism/carbon_offset/guideline/guideline080207.pdf

注3――環境省は、「我が国におけるカーボン・オフセットのあり方について（指針）」（注2同上）において、カーボン・オフセットは、政府や事業者が温室効果ガスの排出削減目標を遵守するために補足的に京都メカニズムのクレジットを利用することも含まれるが、指針では、市民、企業、ＮＰＯ／ＮＧＯ、自治体、政府等が国民運動や公的機関の率先的取り組みの一環として温室効果ガスの排出量削減・吸収量増加に貢献するために主体的に行うものを対象とするとしている。

注4――ただし、日本政府の口座に償却する場合は、日本政府がオフセットしたとも考えられる。

注5――環境省（二〇〇〇年六月）「低炭素社会の構築に向けたカーボン・オフセットの取組」
http://www.env.go.jp/earth/ondanka/det/hearing2008/pg-03.pdf

注6――国内ＣＤＭ（クレジット）制度は、京都議定書目標達成計画で規定されている、大企業等の技術・資金等を提供して中小企業等が行ったＣO_2の排出抑制のための取り組みによる排出削減量を国内クレジット認証委員会が認証し、自主行動計画等の目標達成のために活用する制度。国内クレジットは、自主行動計画や排出量取引試行事業参加企業が目標達成に使用可能なクレジットである。基本的にカーボン・オフセットに利用されることは想定されていないが、国内クレジットを自主行動計画の目標達成に使用しないことも選択可能であるため、その場合の用途の一つとして、カーボン・オフセットに活用されることが考えうる。国内ＣＤＭ制度については、経済産業省のサイトを参照されたい。http://www.meti.go.jp

注7――VERの用語説明については前出の環境省の「我が国におけるカーボン・オフセットのあり方について（指針）」の資料を引用した。

注8――環境省（二〇〇八年五月一四日）「グリーン電力証書を用いたカーボン・オフセットの取組についての論点（案）」http://www.env.go.jp/earth/ondanka/mechanism/carbon_offset/conf_ver/02/mat03.pdf

注9――海外のVERが日本におけるカーボン・オフセットで使用された事例はまだ見当たらないようである。

注10――ここでいう「償却」とは、オフセット活動によって達成された排出削減を、京都議定書の枠組みにおいて用意されている国別登録簿上に計上することを意味する。つまり、オフセット活動を、日本の京都議定書の目標達成にカウントするということである。

注11――ここでいう「取消」では、オフセット活動によって達成された排出削減を、京都議定書の目標達成に利用しない。こうすることで、京都議定書の目標に対して追加的に排出削減を達成することができる。

注12――環境省（二〇〇八年六月一六日）「国内排出削減プロジェクトからのVER認証・管理試行事業及び我が国におけるカーボン・オフセットの取組に係る第三者認定試行事業の実施について（お知らせ）」
http://www.env.go.jp/press/press.php?serial=9842

注13――英国環境・食料・農村地域省（DEFRA）「Draft Code of Best Practice for Carbon Offset Providers」
http://www.defra.gov.uk/environment/climatechange/uk/carbonoffset/pdf/carbon-offset-codepractice.pdf

注14――フランス「Charter for Voluntary Carbon Offsetting」
http://www.compensationco2.fr/servlet/getBin?name=744468E3B474AEB21B41705D8F7D880B1207930374547.pdf

注15――環境省（二〇〇七年一〇月五日）「英国のカーボン・オフセット市場及びDEFRAが提案する自主規則（案）についてのヒアリング結果」

http://www.env.go.jp/earth/ondanka/mechanism/carbon_offset/conf/02/mat02.pdf

注16——PEAR Carbon Offset Initiative　http://www.pear-carbon-offset.org/index.html

注17——日本カーボンオフセット　https://co-j.jp/auth_mng.php?page=member/index.php&action=/index

注18——リサイクルワン（カーボンニュートラル社と提携）　http://www.carbonneutraljp.com/

注19——Clean Air-Cool Planet「A Consumer's Guide to Retail Carbon Offset Providers」
http://www.cleanair-coolplanet.org/ConsumersGuidetoCarbonOffsets.pdf

注20——環境省（二〇〇八年九月二五日）「カーボン・オフセットに係る透明性の確保、第三者認定及びラベリングに関するワークショップ　第3回」
http://www.env.go.jp/earth/ondanka/mechanism/carbon_offset/conf_trp/03/index.html

注21——環境省（二〇〇七年一〇月五日）「英国において指摘されているカーボン・オフセットの主な問題点」
http://www.env.go.jp/earth/ondanka/mechanism/carbon_offset/conf/02/ref01.pdf

注22——環境省の「カーボン・オフセットの取組に係る信頼性構築のための情報提供ガイドライン」では、オフセット商品・サービスを提供する事業者は、オフセットに用いるクレジットの違いについて明確に記載する必要があるとしている。ただし、ガイドラインは法的拘束力のあるものではない。今後オフセットに対する正確な情報提供がされるようになるかは、管轄省庁の力量が問われるところである。
環境省（二〇〇八年一〇月三〇日）「カーボン・オフセットの取組に係る信頼性構築のため情報提供ガイドライン」　http://www.env.go.jp/press/file_view.php?serial=12336&hou_id=10347

注23——歴史的には京都議定書関連のクレジットが登場する前から自発的なカーボン・オフセットは行われていた。

第6章
CDM、カーボン・マーケットの適正化

——足立治郎・西俣先子

1　気候変動対策とＣＤＭ

はじめに、クリーン開発メカニズム（ＣＤＭ）の背景である気候変動対策全般について大局的に考えることにしよう。気候変動による甚大な被害を避けるために日本に求められているのは、自国の温室効果ガス排出の劇的な削減に努力することと、他の国々にも同様に劇的な削減を促し、これに協力することである。

他国に大幅な削減を求めるのであれば、当然自らが大きく削減することを示す必要がある。また、京都会議の議長国としては、一人当たりCO_2排出量が日本や欧州の二倍に達する米国に対して、先進国としての削減義務を問う責任もあるだろう。さらには、高度経済成長の只中にあり、世界経済牽引の中心的な役割を果たす中国やインドにも温室効果ガス排出抑制の努力を求めていかなければならない。日本は政治的背景や歴史問題などから、これらの要求を米国や中国に強く求めるのは困難な側面もあるかもしれない。しかし、こうした困難を乗り越えなければ、気候変動に人類全体が対処する責務をまっとうできない。

特に発展途上国に対しては、単に温室効果ガスの排出削減を求めるだけではなく、途上国の対策強化のための国際協力を適正な形で推進することが不可欠である。そうした意味では、本書の中心的テーマであるＣＤＭの活用も含めて、日本の有する環境技術をいかに世界に提供していくかが、世界の温室効果ガス排出削減のために問われている。
だが同時に、日本は、技術立国であり、資源が乏しいという現実にも目を向けねばならない。こうした現実を冷静にとらえれば、技術開発のコストを考えると、途上国に対して自国の国際競争力を脅かすかもしれない技術を無償で供与することは容易ではない。先進国として気候変動防止に資金や技術面において貢献しながらも、自国の経済・雇用に十分に配慮しなければならないという、難しい舵取りが日本の政府には求められている。

ＣＤＭは京都議定書にも記されているように、途上国の持続可能な発展および気候変動防止に貢献し、先進国の排出削減目標達成を支援する、という目的を果たすための制度である。当然のことであるが、制度の利用拡大に振り回されて、目的が達せられなかったという結果は避けなければならない。特に、回避すべきは、目的を実現するための制度の利用拡大が逆に現状を悪化させるような状況を生み出すことである。具体的には、悪質なＣＤＭによるホスト国の環境悪化や持続可能な発展の阻害である。

さらに、注意しなければならないのは、京都議定書をめぐる情勢である。米国が京都議定書を離脱して、政府や企業の資金を自国の技術開発に投入できる状況にある一方、日本の政府や企業が京都議定書目標達成のために数兆円規模でＣＤＭなどを介して、技術とともに海外に資金を移転することが見込まれる。こうした京都議定書が抱えもつバランスを欠く側面を、気候変動政策に関与する関係者はもっと認識すべきであろう。

本章では、環境・社会的に問題があると指摘されているCDMプロジェクトを紹介し、CDMの質の向上のための提案を行う。さらに、CDMと密接に関連し、近年急速に取り組みが広がっているカーボン・オフセット、国内（域内）排出量取引制度や自主行動計画、カーボン・マーケットに関する質の問題についても論じる。最後に気候変動に対処するための制度・政策の可能性についてもふれることにしたい。

2　問われるCDMの質

京都議定書では、目標達成のために京都メカニズムを活用することが認められている。なかでもCDMプロジェクトは年を追うごとに増加しており、CDMプロジェクトを実施して創出されるクレジットであるCERの取引市場は右肩あがりに成長している。二〇〇六年のCERの取引は五億六二〇〇万トン（CO_2換算）であったが、二〇〇七年は七億九一〇〇万トンにまで増加している（注1）。CDM拡大には二〇〇五年から開始されたEU-ETSにおいて、CDMからのクレジットを利用することができるようになったことも影響している。また、日本においても、京都議定書の温室効果ガス削減目標を達成するために、自主行動計画で不足する部分はCDMのクレジットの購入で補完することが想定されている。CDMはEU諸国、日本にとって京都議定書の約束を達成するための必須の手段であるといえるだろう。加えて、ＣＤＭは二〇一二年までの気候変動に関する国際枠組みを決めた京都議定書の中で発展途上国が関与するほぼ唯一の仕組みといえる。

今後重要になってくるのは、二〇一三年以降の国際枠組み（公平な共通の国際的ルール）の形成である。ＣＤＭの今後についても、二〇一三年以降のルールづくりによって決まってくると考えられる。ただし、すでに述べたようにカーボン・オフセットでの活用なども含めたＣＥＲの市場規模拡大など、ＣＤＭを取り巻く情勢をみるかぎり、ＣＤＭは二〇一三年以降も残っていくと予想される。こうした状況を踏まえると、今まで以上にＣＤＭの質が問われてくると考えられる。

3　問題があるとされるＣＤＭの事例と考察

ＣＤＭの問題事例

需要が拡大しているＣＤＭであるが、なかには「問題あり」と指摘されるＣＤＭプロジェクトが存在している。すでに述べた通り、京都議定書においてＣＤＭは気候変動対処や先進国の排出削減目標達成のためのみでなく、途上国の持続可能な発展に対する貢献という目的もある制度である。ここでは、海外のＮＧＯ等によって途上国で環境・社会問題を引き起こし、持続可能な発展に反すると指摘されているインドのＣＤＭプロジェクトについて紹介したい。

インドの事例を紹介する理由は、CDMのホスト国の中でプロジェクトの登録件数、CERの発行件数が共に最も多いこと（二〇〇八年六月二五日時点）（注2）、CDM理事会に正式に認められたプロジェクトであるにもかかわらず、NGO等の批判を受けているケースが少なくないからである。途上国においては、政府と対立するNGO活動が制限される場合が多くみられる。そして、NGO活動自体が十分に展開できていない国も依然として多く存在する。その中でインドは、NGO活動が盛んに展開されており、問題プロジェクトが表面化しやすい状況がある。こうしたこともインドの事例をとりあげた理由である。その点でいえば、CDMプロジェクトを多く抱える中国などにおいても今後、詳細な検証が望まれる。

以下では、二つの事例をとりあげているが、どのような問題を慎重に考慮すべきかを考えるための素材として、いわば考察のためのたき台として位置づけている点をご理解いただきたい。

事例1

CDMプロジェクト名：JSPL非再生コークス炉廃熱利用発電プロジェクト（二〇〇六年六月一九日登録）

＊プロジェクトの種類：排ガス・廃熱利用

＊年間削減量：三八万七六四三（t-CO_2／年）（注3）

＊クレジット期間：一〇年

ＪＳＰＬ（Jindal Steel & Power Limited）は鉄と電力関連の企業で、チャティスガール（Chhattisgarh）州のライガル（Raigarh）にインド、そして世界でも最大規模の石炭ベースの海綿鉄の製造施設を持っている。海綿鉄は、スポンジのような空洞がある鉄のことである（注４）。これを鍛錬して様々な用途に利用される。

ＪＳＰＬのプロジェクトは、二〇〇六年六月一九日にＣＤＭ理事会によって承認されて正式にＣＤＭプロジェクトとなった。具体的にはコークス炉から排出される熱の再利用によってクレジットを取得するというもので、排出される高温の熱を大気中に廃棄する代わりに社内の消費と輸出用の電力生産に充てるといった活用を行う。

インドでは、海綿鉄工場による大気汚染や水質汚濁をめぐって周辺地域の住民の反対運動が何年も続いているケースがある。飲料水を汚染し、川と潅漑運河からの水の大量汲み上げによって地下水位を引き下げ、重度の大気汚染によって健康被害や農作物に対する被害を引き起こしていると指摘される。しばしば公害防止規準の不履行もあり、二〇〇五年の時点で、チャティスガール州の四八の鉄工場の施設のうちの三三施設は州の公害規制評議会の法定の許可なしに操業していた。州の公害規制当局のレポートによると、三六の施設は環境汚染法に違反しているという。

ＪＰＳＬもまた、環境・社会的な配慮に欠ける不適切な行動が指摘されている。二〇〇五年に工場施設拡大の際に、公聴会が満足に行われないなど地域市民に対して配慮に欠ける行動があった。さらに、環境アセスメントは、プロジェクトの地元森林に対する影響、廃棄物の投棄や水の重金属汚染などについて適切に扱っていなかったという（注5）。

加えて、市民とボランティア団体は、工場拡張計画について、JSPLに対して州の高等裁判所に裁判を起こしており、都市の住民側からは大気汚染・水質汚染・健康被害の増大に反対の声があがっており、農村部の住民側からは彼らの土地を失うことに抵抗する運動が起きていた。拡張計画では、人口三〇〇〇人ほどの村三つが土地を引き渡さなければならない。だが、二〇〇五年には企業に対して二二の共同体からなる村人が、土地を企業に販売または寄贈を希望していなかったという決議書を提出した。

このCDMプロジェクトは、大気汚染や水質汚染など環境に対して多大な負荷を与えながら操業を行っている工場のプロジェクトであり、「環境に悪影響を及ぼすプロジェクトには排出権を与えない」とのマラケシュ合意に反するとNGOなどが指摘している。また、すでに述べたJSPLの地域住民に対する配慮を欠いた企業行動については、社会的な視点からみた持続不可能性をNGOなどによって指摘されている。その他に、工場で熱を再利用しないこと自体が経済的合理性を欠いており、CDMのプロジェクトとする前にすでに取り組まれているはずのプロジェクトであるといった指摘がある。これは、追加性（注6）の観点からの指摘であるといえるだろう。さらに、このCDMプロジェクトは、JSPLに規模拡大のための新しい収入源を提供する結果になっているのではないかとの指摘もある。

ＣＤＭプロジェクト名：アレイン・デゥハンガン（Allain Duhangan）水力発電プロジェクト（以下、ＡＤ水力発電プロジェクトと略、二〇〇六年五月一七日登録）

＊プロジェクトの種類：水力発電

＊年間削減量：四九万四六六八４６６８（t-CO_2／年）（注７）

＊クレジット期間：一〇年

ＡＤ水力発電プロジェクトは、北インド地域で水力発電による電気を供給することで人為的温室効果ガスの削減を行うというものである。北インドの送電網を通じて供給される電気の発電の七〇％以上が化石燃料（石油、石炭、天然ガスなど）でまかなわれていたところを、水力発電のプロジェクトを行うことで人為的温室効果ガスの削減につなげるというものである。北インド地域のヒマーチャル プラデシュ（Himachal Pradesh）州のビーアス（Beas）川支流のアレイン（Allain）川とデゥハンガン（Duhangan）川を利用して水力発電を行うプロジェクトである。インド政府とＡＤＰＬ（AD Hydro Power Ltd.）が実施主体となっており、世界銀行グループのＩＦＣ（国際金融公社）が資金を提供している。

ＡＤ水力発電プロジェクトは、二〇〇七年五月一七日にＣＤＭ理事会によって承認されて正式にＣＤＭプロジェクトとなった。

ＡＤ水力発電プロジェクトも様々な問題点が指摘されている。まず、三万五〇〇〇本以上の木がプロジェクトのために伐採されている。住民は森林破壊に抗議しているが、政府からの情報提供はないという（注8）。また、送電線工事による森林伐採や、高圧線が規定より低い位置に設置されていることによるりんごの木への影響などに対する地域住民の抗議も行われている。さらに、複数のNGOが環境・社会影響評価が不十分であると指摘している（注9）。

このプロジェクトの問題点は、森林破壊などが生じていることから、環境に対する配慮が欠けている可能性があるということである。さらに、住民がプロジェクトについての賛否の決定をするために役立つような公聴会が開かれないなど、住民に対する配慮に欠ける対応があった点である。またAD水力発電プロジェクトはUNFCCCの手続き前から進められており、CDMのクレジットがなくても利益を得ることが可能なプロジェクトである、と指摘するNGOもある。プロジェクトの水力発電は低コストで可能であり、化石燃料による発電に比べて著しくコストを要するなどといった状況もないという。コストの点のみをみても追加性の説明が難しいのではないだろうか。プロジェクトで新技術を使用することでコストやリスクが生じる場合には、CDMプロジェクトとする必要性もあるのだが、事例では新技術の使用はない。

AD水力発電プロジェクトのような電力供給のプロジェクトは、電力供給エリアの電力供給計画などを踏まえて総合的に判断しなければ、追加性を満たしたCDMのプロジェクトであるかは判断できないと考えられる。電力供給計画ですでにプロジェクトによる水力発電が想定されている場合、その水力発電はCDMプロジェクトとされなくとも実行されていたからである。プロジェクトが行われることによって、電力供給量に占める水力発電量が大幅に増大するのであれば、その部分をＣＤＭプロジェクトとすることについて、追加性という点では理解できる。しかし、そうでないかぎり、新たにＣＤＭプロジェクトとして認める必要性に関して疑問が残る。プロジェクトを単体でみるのみでなく、プロジェクトに関連する地域の電力供給計画などを踏まえた総合的な視点から検討しなければ、ＣＤＭのプロジェクトとして適切であるかを判断するのは困難な事例であるといえるだろう。

問題と指摘されるＣＤＭプロジェクトが生じる原因

以上みてきたように、問題を含んだＣＤＭプロジェクトが存在する可能性が少なからず指摘されている。ここに紹介したプロジェクトやその他、ＮＧＯ等から悪質であると指摘されているＣＤＭプロジェクトに関しては、筆者らが途上国の現地調査によって確認した情報ではない。そのため、十分な裏づけはとれていない。ただし、ＣＤＭに関与する日本政府・企業のリスク回避のためには、こうした情報にも耳を傾ける必要があるといえるだろう。

本稿でとりあげた事例は、ＣＤＭ理事会の承認が得られたプロジェクトである。なぜチェックを経ているにもかかわらず、ＮＧＯ等から問題があると指摘されているのだろうか。この見解の相違（もしくは現行のＣＤＭのチェックシステムにおける見落とし）は何から生じるものなのだろうか。

大きな相違が起きるポイントとして考えられるのは、すでに述べた、ＣＤＭの目的でもある途上国の持続可能な発展についての見解の差である。他にも追加性の問題などもあるが、ここでは、持続可能な発展に関する見解の差を踏まえながら悪質なCDMが生じる要因についてみていこう。

持続可能な発展は、その概念をめぐって様々な議論が行われている状況である。そうした議論を踏まえた上で、この概念は多少大雑把ではあるが環境・社会・経済の持続可能な発展という構成要素に分解することができるだろう（注10）。NGOなどの多くが指摘するのは、この構成要素の中でもプロジェクトの実施地域における環境・社会に対する配慮不足である。

現行のCDMプロジェクトのチェックシステムでは、ホスト国が持続可能性について承認した場合、プロジェクトの持続可能な発展に対する貢献のチェックは、実質的にクリアしたとされるケースがほとんどである（持続可能性の審査・承認に関しては、第2章参照）。本稿でとりあげたインドでは、持続可能な発展について承認基準の構成要素を社会・経済・環境・技術としている。例えば環境については、生態系の保護や国民の健康に対する影響、公害の抑制などについて考慮しなければならないとされている。実際には、紹介した事例のように環境負荷を増大させ、社会的にみて配慮不足であると指摘されるプロジェクトが承認されている。

現実的な対策として、現行のCDMのチェックシステムを活かすとするならば、持続可能な発展については各ホスト国の承認基準をより厳格にし、チェックを強化する対応策を考えることもできる。しかし、各ホスト国によって持続可能性についての承認基準が異なるため、あまり厳しい基準にすれば、出資し技術提供を行う先進国側の方が、基準の厳しいホスト国におけるCDMプロジェクトの実施に二の足を踏む可能性が出てくる。そもそも、厳しい基準に国際社会が合意できるかどうかも定かではない。

各ホスト国が最低限チェックすべき規定を設けるとしても、極度に基準を厳しくすれば承認に長い時間を費やすことになり、ホスト国側の負担もかさむと考えられる。

例えば環境に関しては、厳密なアセスメントの実施によって環境の視点からみて持続不可能なプロジェクトの承認を阻止するという方法もあるだろう。しかし、環境アセスメントの徹底は先進国においても困難である状況を踏まえれば、これを全てのホスト国に求めるのはノウハウの蓄積や人材確保といった点から難しい側面もある。CDMは本来であれば、先進国が自国で温室効果ガスの排出削減を行うべきところを技術や資金の拠出というインセンティブによってホスト国から承認を得て成立するものである。ホスト国側の負担が大きくなり、途上国にとって活用し難い制度になれば、CDMの推進という意味では足かせとなるだろう。だからといって悪質なCDMが増加するのは問題である。気候変動防止に役立つはずのプロジェクトが、ホスト国の環境破壊を拡大させるようなことになるのは避けるべきである。

持続可能な発展の内容を先進国に決められたくないという途上国の意向もあり、プロジェクトの承認基準を途上国政府に委ねている現状は理解できる。しかし、必ずしも途上国政府が被害を受ける住民側の立場に立っているとは限らない。例えば、環境・社会配慮に問題があるとして、先進国側がODAによる資金援助から手を引いたようなプロジェクトを途上国政府側が推進している事例もある。インドのナルマダ・ダム開発などは、その典型的な例である。こうしたことは、CDMプロジェクトにおいて今後生じる可能性が十分ある。現在のチェックシステムは一応〝途上国の意向〟が反映されていることになっているが、それが〝誰の意向〟を指しているのかに注意する必要がある。政府なのか、企業なのか、それとも被害を受ける可能性がある現地住民であるのか。現状では、被害を受ける可能性がある人々の意向が十分反映されるような仕組みになっているとはいい難い。CDMのプロジェクトの主なプレイヤーは、先進国・途上国のプロジェクトの実施者、ホスト国の政府、DOE、CDM理事会、クレジットの購入者や売買関係者である。問題があるプロジェクトによって最も被害を受けるのは、これらのプレイヤーではなく、プロジェクトが実施される地域の住民などである場合が多い。悪質なCDMの防止のためにもプロジェクトの実施地域の住民が、プロジェクトの情報に現地語で自由にアクセスでき、意見を訴え、話し合う機会が保障される仕組みが求められる。

また、CDMの推進者(プロジェクトの投資国や事業者、クレジット購入者など)側にとっても、悪質なCDMの防止は重要な課題である。CDMは、第一約束期間(二〇〇八~二〇一二年)では活用される取り決めになっているが、二〇一三年以降に残っていくかは明確ではない。二〇一三年以降もCDMの存続を求めるならば、悪質なCDMプロジェクトを防止するための対策を講じる必要があるだろう。環境・社会に対する配慮不足が改善されなければ、NGOなどは持続可能性の側面からみてCDMプロジェクトへの批判を強くするものと考えられる。すでにCDMやカーボン・マーケットに反対の立場をとるNGOなどもある。反対の理由は、持続可能性が担保されていないという問題のみではないが、環境や社会に対する配慮不足が生じているという現状があるかぎり、それはCDMへの反対を主張する大きな理由の一つであり続けるだろう。

十分な質のチェックが行われず、悪質なＣＤＭプロジェクトにクレジットが与えられる可能性があるにもかかわらず、先進国はＣＤＭのクレジット購入を進めている。サブプライム問題にみるように、中身に問題を抱えたクレジットが広がれば、現在広がりをみせているカーボン・マーケット自体が機能不全に陥ってしまうだろう。こうした状況を回避するためには、投資国側からのチェックも必要だと考えられる。現在、投資国に関してはホスト国の持続可能な発展に対するチェックと承認の義務はない。先に述べたようなホスト国による承認時のチェックの限界を考慮すると、投資国側においても環境・社会に十分な配慮がなされているかどうかの確認がＣＤＭプロジェクトの承認過程の中で必要だと考えられる。

日本は、ＣＤＭによるクレジットの主要な購入国である。ＣＤＭを利用して温室効果ガスの削減を進めるのであれば、ＣＤＭの推進のみでなく問題を抱えたＣＤＭが発生しないようにチェックする対応を直接ないし間接的にでもすべきである。このことについては次節以降、詳しく論ずることにしたい。

以上、持続可能な発展、なかでも環境・社会に対する配慮という視点から、インドの事例を踏まえながらＣＤＭに問題が生じる状況について考察した。次節では、さらに一歩進めて悪質なＣＤＭの防止策について論ずることにしたい。

4　悪質なCDMの防止策
——現行のチェック体制強化と補完的な新たなチェック体制の提案

問題があるCDMが生じないような対策を行うという場合、少なくとも二つの方向からのアプローチが考えられる。まず、現行のチェックシステムを所与のものとしつつ、チェックシステムが十分に機能するよう改善するというアプローチがある。次に、現行のチェックシステムの不十分さを認め、新たなチェック項目や手続きの追加、広い意味で補完的なチェック機能を外部の組織や研究者などにも求めるというものである。早急な現状の改善のためには、当面の改善とより基本的なシステム改革の双方からのアプローチが必要になるだろう。以下、詳しくみていこう。

現行のチェックシステムが滞りなく機能するという点で、課題とされていることの一つにDOE（指定運営組織）のチェック能力がある。現在、CDMの質をチェックしているのは実質的にDOEと国連のCDM理事会である。これらの機関によるチェックを経なければ正式にCDMプロジェクトとして認められない。プロセスとしては、まずDOEによって当該案件がCDMとして的確かどうか、削減量の計算が正しいか、といった点について審査される。次に、DOEが登録申請した当該案件をCDM理事会がチェックし、正式にCDMプロジェクトとして認められた後、CERが発行されることになる（第

2章、図1参照)。

CERの需要の増大にともなってCDMプロジェクトの累積登録件数は二〇〇九年二月一八日時点で一四〇三件に上っている(注11)。当然DOEやCDM理事会がチェックすべき案件も増加している。そうしたなかでDOEの審査報告書の品質に不十分なものが生じており(注12)、DOEのチェック後にCDM理事会が審査した結果、登録申請が却下されたプロジェクトが二〇〇八年五月の時点(第三九回CDM理事会決定まで)で六六件となっている(注13)。CDM理事会による登録却下の理由は、追加性や排出削減量の計算等の問題が多くを占めている。

また、CDM理事会のスポットチェック(抜き打ち検査)を受けたDOEが、現時点で複数生じている。CDM理事会のスポットチェックが行われる要件は次に示す通りである(注14)。

・CDMプロジェクトの登録やCERの発行段階で、既決定の手続きに従って再審査要求があった場合
・指定運営組織に、業務遂行能力に関わる重大な変更があった場合
・他の指定運営組織、条約事務局認定NGO、利害関係者から書面で要求があった場合　など

スポットチェックを受けるDOEが今後も増加することがあれば、DOEによる審査の質が疑われ、CERの信頼を失う可能性がある。それは、CDMに対する社会的な不信感の高まりを醸成しかねない。この事実は深刻に受け止めるべきであろう。

他方、ＤＯＥのチェックが甘くなる可能性としては、ＤＯＥが第三者機関であるといってもプロジェクトを行う側から依頼されてプロジェクトのチェックをすることになっている点が挙げられる。つまり、ＤＯＥにとってプロジェクトの実施者は〝顧客〟である。この関係は企業と監査法人の関係に似ている。企業に頼まれれば監査法人が必ずしも粉飾や偽装に手を貸すわけではないように、ＤＯＥとプロジェクト実施者の現状の関係自体が深刻なチェックシステムの欠陥であるとはいい難い。しかし、チェックする側とされる側にこうした関係性があることについては、ＣＤＭに関わる関係者が認識しておく必要があるだろう。

ＤＯＥやＣＤＭ理事会による質の監視機能など、現時点で存在するチェックシステムを強化することは重要である。しかし、プロジェクトの影響は複雑であり、全ての悪質なＣＤＭの改善・未然防止を果たすことは、現状のシステムでは困難といわざるをえない。特に、ＤＯＥは、現行のルールに従っているかどうかをチェックするのが仕事であり、そのルール自体に問題がある場合は、ＤＯＥにそれ以上のことを求めることは筋違いであるともいえよう。

ＣＤＭの質を確保するためには、ＤＯＥとＣＤＭ理事会のチェックから抜け落ちている部分を補完する体制の確立が求められる。これまでに、国際的なＮＧＯが連携してＣＤＭウォッチ体制を強化する試みがあった。しかし、現在、人的・資金的問題から休止状態にある。以下、ＣＤＭの質を確保するためのＣＤＭウォッチ体制確立の課題についてみていきたい。

まず、途上国現地との十分な信頼関係の構築がある。これが実現されなければ、正確な調査や提言活動の体制を整えることができず、CDMプロジェクトのモニタリングはうまくいかない。また、プロジェクトウォッチは、一年や二年で済むものではない。資金不足のため中止できるといったものでもない。そうしたことが起これば、即座に途上国住民からの信用を失うだろう。CDM自体に対する不信感も根強い中で、先進国のNGOと途上国NGO・住民との信頼を構築することは容易なことではない。この課題を克服するためには、途上国・先進国のNGOなどが連携して取り組んでいく新たな体制づくりが有効ではないだろうか。すなわち、気候変動問題に取り組んできた環境NGOや、多国間開発銀行（MDB、世界銀行・アジア開発銀行等）の開発政策・プロジェクトをモニタリングしつつ途上国現地との信頼を獲得してきた途上国・先進国のNGOなどが連携して、CDMを監視・適正化する効果的体制をつくることが必要であると考えられる。

次に課題として挙げられるのは、日本におけるモニタリング・アドボカシー（政策提言・関与）体制の構築である。

日本が関与するCDMプロジェクトに関しては、他国のNGOのモニタリングのみならず、日本政府や企業へのアドボカシーに際しては、日本に拠点を置くNGOの果たす役割が大きいと思われる。世界のCDMプロジェクト全体に占める日本の割合の大きさを考えれば、日本のNGOのモニタリング・アドボカシー体制を整えることが急務である。日本国内においては、途上国NGOからの情報を含むCDMに関する包括的・多角的な情報が不足している。また、途上国・他の先進国においても、日本におけるCDMの動向などの情報が不足している。この状況を解決するためには、途上国NGO・現地住民との密接な連携を形成していく日本のNGOの役割の強化が求められる。

日本には、これまでODAや多国間開発銀行の政策およびプロジェクトの質の向上のための活動があり、環境・社会的に問題があるプロジェクトの改善、政府・援助機関の環境社会配慮の政策強化に成果を挙げてきた。こうした団体の経験・体制が活かされる形で、先進国および途上国NGOとの連携に基づくCDMモニタリング・アドボカシー体制を構築していくことが重要である。

そこで課題となるのは、こうしたチェック体制の構築に対して資金が提供され難い状況があることである。これまで、日本政府関係者は、悪質なCDMを監視し、その中身をチェックしてこなかった。また、そうしたNGO等の活動に対して積極的に資金を拠出するといったこともしてこなかった。他方、世界銀行・アジア開発銀行といった多国間開発銀行の改革のために、米国・欧州・日本・途上国のNGOが協力してきた歴史と経験は注目に値する。その際、日本のODA資金改革のために、日本自身ではなく、米国や欧州の国際的な民間財団の資金が多く投入されてきたのだった。

日本はCDMのクレジットの主要な購入国であり、CDMクレジット獲得の恩恵を受ける以上、自らCDMの推進のためにも悪質なCDMが発生しないような仕組みづくりやそのための資金援助を行うなど、多角的に貢献すべきであろう。

環境省が発表した二〇〇八年度の京都議定書目標達成計画関係予算案によれば、京都議定書六%削減約束に直接の効果があるものに対する予算が五一九四億円、温室効果ガスの削減に中長期的に効果があるものが三〇九五億円、その他結果として温室効果ガスの削減に資するものが三四三〇億円、基盤的施策などが四四七億円となっており、一兆二千億円を超える税金が気候変動対策に充てられることになっている。そのうち京都メカニズムのクレジット取得事業の予算が三〇八億円（環境省＋経済産業省）となっている。これだけの予算が投入されるのであれば、その数％でもＣＤＭウオッチなど悪質なＣＤＭを防ぐための対策に回すことも検討すべきではないだろうか。問題を指摘する研究者や研究機関、ＮＧＯなどを敵対視するのではなく、ＣＤＭの推進者が果たすべき役割を担い、補完的役割を果たす協力者としてとらえていく必要があるだろう。

ＣＤＭをモニタリングする機関は、政府にとって不都合だとの認識が、もしかするとあるかもしれない。しかし、日本政府が国際社会の中で信用されるようになるためには、政策・制度をチェックするような機関などにいかにコミットするかが肝要である。資金提供も一つの方法である。同様のことが政府のみでなく、民間企業などにもいえる。現状では、国際的なＮＧＯの間でＮＧＯによるＣＤＭウォッチ体制確立のためにドイツ政府などからの資金提供が試みられている。本来こうした資金は、京都メカニズムによる目標達成を図る日本こそ提供すべきものであろう。

気候変動対策には唯一の方策はない。現在考えられているあらゆる手段に利点と欠点がある。ＣＤＭも同様である。長短を考慮した上で、対策が環境負荷や社会的な問題を増大させる方向に向かわないようにしつつ、気候変動防止に役立てる必要がある。つまり、ＣＤＭを活用したければ、適切な形で発展していくことを保障するよう努力をしていかなければならない。それには悪質な内容のものをチェック

◉コラム6

ODA・多国間開発銀行をウォッチしてきたNGO

田辺有輝

これまで、発展途上国におけるダムや発電所、道路、灌漑施設などの巨大インフラ開発事業では、現地での深刻な環境破壊や十分な補償をともなわない住民の強制移転など、多くの問題が生じてきた。これらの事業の中には、日本を含む先進国や世界銀行やアジア開発銀行（日本が最大の出資国）などの多国間開発銀行による融資によって進められたものも少なくない。

一九八〇年代から、深刻な環境破壊や人権侵害をもたらす開発事業に対してＮＧＯや住民組織による反対運動が頻発化した。こうした批判を受けて世界銀行やアジア開発銀行（ＡＤＢ）などの多国間開発銀行では、環境アセスメントの実施、住民移転での十分な補償、住民との協議や情報公開などを定めた政策を相次いで策定した。

環境社会配慮のための政策の策定を求める声は日本国内においても高まり、一九九七年には多国間開発銀行への多額の出資を担当する財務省（当時は大蔵省）とＮＧＯの定期協議会が実現（以来、年四回のペースで開催）。二〇〇〇年代に入って国際協力銀行（ＪＢＩＣ）や国際協力機構（ＪＩＣＡ）が国際レベルの環境社会配慮ガイドラインを整備した。

こうしたＮＧＯの活動は、援助機関や融資機関の環境社会配慮政策の策定にとどまらず、個々の開発事業の現場で調査を行い、適切な実施を求める活動も平行して行われている。例えば、「環境・持続社会」研究センター（ＪＡＣＳＥＳ）では、常時、数件から一〇数件程度の開発事業のウォッチを行っており、影響を受けた住民への補償の支払い（パキスタン、タウンサ堰改修事業）や深刻な人権侵害等を受けてのＡＤＢによる融資検討の中止（バングラデシュ、フルバリ石炭事業）などを実現している。

　しかし、近年ではＣＤＭなどを含めた民間企業や銀行によるインフラ事業への投融資や中国などの新興ドナーによる融資も増えており、資金源の多様化が生じている。こうした投融資による環境破壊、人権侵害も数多く報告されているが、事業の透明性はまだまだ低く、ＮＧＯが追いきれていないのも実情だ。資金源の多様化に応じた新たなＮＧＯ活動の展開が求められている。

する外部システムを構築すべきであり、そのための体制・資金メカニズム構築が必要なのである。

5　カーボン・マーケットの質の向上と気候変動対策

国内（域内）排出量取引・自主行動計画とＣＤＭの質

　排出量取引とは、排出削減主体がマーケットで排出量を取引する制度である。近年、温室効果ガスの排出削減手法として国際的に広まっている。排出量取引には、国全体の排出量を調整するために政府が行う「国際排出量取引」と排出量削減を効率よく行うために国内・域内企業等の間で行う「国内（域内）排出量取引（以降便宜的に国内排出量取引と呼ぶ）」の二つがある。京都メカニズムとしての排出量取引は前者である。ここでは、後者の国内排出量取引について言及したい。

京都メカニズムにおける国際排出量取引は、国内削減の代わりに外国での削減分を買い取るもので、国内削減にはつながらない。EUや米国などで検討・導入されている国内排出量取引は、国内・域内での排出削減を目指すものである。温室効果ガスを削減するコストよりも排出枠を購入するコストの方が安ければ、排出枠を他から購入することを選択できる。そのため、効果的で公正なキャップ設定などに課題があるが、直接的な排出規制より費用対効果が高い形で一定の排出量削減をなしうる政策手法であるといえる。

二〇〇五年にはEUがEU-ETS（EU域内排出量取引制度）を開始している。キャップ&トレード方式により、発電所、鉄鋼、非鉄金属、製紙・パルプ、セメント等、一万以上のエネルギー多消費施設を対象として、CO_2排出の上限（キャップ）を割り当てている（注15）。これは、EUのCO_2総排出量の約半分をカバーする。排出を超過してしまった施設には、罰金が課されるほか、超過分は翌期に追加して削減しなければならない。すでにEU-ETSのクレジット量は、京都メカニズムのクレジット量を大きく超えており、EU-ETSの市場価格が、排出量市場全体の価格を左右する影響力を有している。二〇〇五〜二〇〇七年の最初の三年間（第一期）は試行期間と位置づけられ、京都議定書の対象期間である二〇〇八〜二〇一二年の第二期では目標を強化し、一部、オークションを導入した。二〇一三年からの第三期では、さらなる目標強化がなされ、二〇一三年には割当総量の最低三分の二をオークションで配分する（発電は全量オークション）など、オークションを拡大する方向が示されている。EUは制度を東欧にまで拡大し、またノルウェーなど西欧の非EU三カ国との連結も決めている。

日本では、日本経団連が一九九七年六月に自主的なCO_2排出抑制計画である「環境自主行動計画」を策定している。この計画では、「二〇一〇年度に産業部門及びエネルギー転換部門からのCO_2排出量を一九九〇年度レベル以下に抑制するよう努力する」ことが目標として掲げられている。

この日本経団連環境自主行動計画に加えて、業務その他部門・運輸部門を含めた各部門について、日本経団連傘下の個別業種や日本経団連に加盟していない個別業種が温室効果ガス排出削減計画を策定しており、産業・エネルギー転換部門の排出量の約八割、全部門の約五割をカバーするに至っている。二〇〇八年三月末時点で、産業部門においては五〇業種、業務その他部門においては三二業種、運輸部門においては一七業種、エネルギー転換部門においては四業種が定量目標を持つ目標を設定している。日本政府は、関係審議会等による定期的なフォローアップを行っている。

各業界は、「エネルギー消費量」「エネルギー原単位」「CO_2排出量」「CO_2排出原単位」などから指標を選び、削減目標を自主的に設定している。一部の業界は、二〇〇六年と二〇〇七年に目標を引き上げた。二〇〇七年度に経済産業省と環境省が行った自主行動計画フォローアップでは、対象とした三九業種のうち、二五業種で目標が達成される一方、一四業種は目標未達成とされた。電気事業連合会（注16）などCO_2排出量が大幅に増加している業種もある。

自主行動計画は、企業／業界が自主的に行動する意味で意義深いが、その目標設定はあくまで自主性に委ねられており、企業／業界によってばらつきがある。その上、自主行動計画は参加しない業界や甘い目標設定をする業界（フリーライダー）を防ぐことができない。フリーライダーが容認されれば、全体として気候変動に対する取り組みが遅れるとともに、市場自体に歪みが生ずる。気候変動防止政策で遅れをとることで、多くの企業経営者が気候変動対策に様子見をしている間に、削減対策や「炭素ビジネス」で諸外国の企業に取り残され、他国に市場を奪われて産業が衰退する可能性もある。

ＥＵ-ＥＴＳや自主行動計画は、共にＣＤＭとの関連が深い。ＥＵ-ＥＴＳでは、ＥＵ-ＥＴＳのクレジットとＣＤＭ・ＪＩからのクレジットの互換性が認められている。自主行動計画においても、日本経団連は目標達成を補完する手段として、ＣＤＭやＪＩを活用することとしており、すでに電気事業連合会と日本鉄鋼連盟は、二〇〇八年度から二〇一二年度分として合わせて約一億六四〇〇万ｔ-CO_2のクレジットを取得する見込みである。自主行動計画の国内でのCO_2排出削減の未達成分について排出枠を購入し補った場合、その排出枠については政府に無償で移転することが見込まれている。これは、日本政府調達予定の一・六％分に、日本企業のクレジット取得分が加わり、日本の京都メカニズムによる目標達成は一・六％より増えることがすでに見込まれていることを意味する。現在すでに見込まれている電気事業連合会と日本鉄鋼連盟のクレジット調達分は、一年間にすると約三五〇〇万ｔ-CO_2になり、基準年排出量比約二・六％に相当する。日本の京都メカニズム活用の合計は、この企業調達による約二・六％分が、政府調達予定の一・六％分に加わることとなる。国内の温室効果ガス排出削減が進まない場合、こうした政府と企業による京都メカニズムによるクレジット調達は、今後さらに増えることになる。

こうした現状からみても、ＥＵ-ＥＴＳや自主行動計画においてＣＤＭの果たす役割は大きな位置を占めていくことが予想され、いよいよＣＤＭの質の問題が問われるのは不可避である。

カーボン・オフセットとＣＤＭの質

近年、企業や個人の環境問題や気候変動問題に対する関心の高まりを背景として、カーボン・オフセットの取り組みが英国や米国など世界的に広がりつつある（詳しくは第5章を参照）。日本においても日本郵政グループのカーボン・オフセット年賀はがきの発売や、二〇〇八年七月に開催された洞爺湖サミットにおいて排出されたCO_2をオフセットする試みなど、オフセット活動が普及しつつある（注17）。

カーボン・オフセットの取り組みの拡大は、自発的な温室効果ガスの排出削減の取り組みを推進させ、気候変動対策の一翼を担うことが期待される半面、様々な問題も指摘されている。

カーボン・オフセットの先進国である英国では、オフセットのための削減活動が温室効果ガスの削減に結びついていない事例、オフセット・プロバイダーによるオフセット対象の温室効果ガス排出量算定方法の問題、クレジットの種類等の消費者に対する情報公開の欠如などの指摘がある（注18）。

環境省が公表した「我が国におけるカーボン・オフセットのあり方について（指針）」（二〇〇八年二月）では、カーボン・オフセットが信頼を得るために、カーボン・オフセットの対象とする活動からの排出量の算定方法に公的機関が基本的かつ簡易な手法を提示すること、オフセットに用いられるクレジットの検証が第三者機関によって行われる必要性、オフセット事業の情報公開の必要性などが述べられている。

カーボン・オフセットに主に利用されるクレジットには、CERを含む京都議定書関連のクレジットやVERなどのボランタリー・クレジットがある（VERについては第5章を参照）。近年、国際機関によって一定以上の質が確認されていることもあって、カーボン・オフセットにCERが利用されるケースが増えており、このような現状からも悪質なCDMプロジェクトは防止されるべきである。

VERは世界基準となる認証方法や、基本的に法律に基づく規制が実施されているわけではない。そのため、クレジットの質はCER以上に様々である。

世界でも、カーボン・オフセットの市場がいち早く拡大した英国では、質の悪いVERの存在などの背景もあり、オフセット商品の品質と望ましい認証の取得を呼びかけることなどを目的として政府によるガイドラインが策定された（注19）。このガイドラインでは、対象とするクレジットを現在のところ京都議定書関連クレジットに限定している。カーボン・オフセットの取り組みの拡大には、京都議定書関連クレジットのみだけでなく、幅広いクレジットの利用が求められるが、質の悪いVERの増加はオフセットの発展の阻害要因にもなりうる。

オフセットを行う側には、CSRや環境負荷低減に対する貢献などを目的とするような、潜在的に質を重視する需要家（企業や個人など）が多いのではないかという見方もある。ただしそうした需要家の存在が、オフセットに使用されるクレジットの質を必ずしも保証するわけではない。質の悪いクレジットがオフセットに利用されれば、環境負荷を増大させるような状況が生じる可能性もあり、これは、需要家にとっても本意ではないだろう。

そこで、ボランタリー・カーボン・スタンダードやWWFのゴールド・スタンダード（詳しくは第4章コラムを参照）などのVER用の認証基準が登場しているとみることができる。

VERには、アフリカ地域等の最貧国でのプロジェクトや持続可能な発展に関するプロジェクトの推進など、CDMが現在カバーしきれていない部分を補完する役割を果たす可能性がある。国内のVERは、CDMが国外に資金や技術が流出するのに対して、国内の温室効果ガス削減のための資金利用が促進される可能性、低価格で消費者にとって購入しやすい、など様々な利点がある。

こうした利点が損なわれないようにしつつも、質が担保されるような認証制度づくり（現在の段階では、各国レベルの認証制度）や先に紹介したVER用の認証などを利用しながら、一定の質の確保を図っていく必要があるといえるだろう。それは、ボランタリー・クレジットのマーケットのみでなく、カーボン・マーケット全体の発展のためにも不可避といえよう。


これまでみてきたように、悪質なCDMプロジェクトは、発展途上国における持続可能な発展の実現に寄与しないという問題がある。さらに、第5節でみてきたように、そうしたプロジェクトに対してCERが発行されれば、これを活用するその他の制度や取り組みに対する信頼を芋づる式に喪失させてしまう可能性がある。こうした負の連鎖を生じさせないためにも、くり返しになるが悪質なCDMプロジェクトの防止策を講じることが重要である。

悪質なＣＤＭが生じた場合、誰がその責任をとるのか、これは、ＣＤＭの推進者が熟慮すべきテーマである。問題は、プロジェクトが行われる地域の住民にしわ寄せされる可能性が高い点である（外部不経済を引き受けるという意味でも）。最も避けなければならないのは、悪質なＣＤＭプロジェクトによって被害を被る人々が蚊帳の外で、ＣＤＭプロジェクトの主なプレイヤーである先進国・途上国のプロジェクトの実施者、ホスト国の政府、ＤＯＥ、ＣＤＭ理事会、クレジットの購入者や売買関係者などは、蚊帳の中で利益を享受するという状況である。プレイヤーは、ＣＤＭに関わるかぎり、排出量削減と持続可能な発展に貢献するというＣＤＭの目的を念頭に置き、制度強化および制度整備に対して協力する必要があるだろう。

6　気候変動対策の可能性と課題

本稿は、ＣＤＭの課題を指摘しその対策を提案するとともに、カーボン・マーケットや気候変動対策・政策の現況と課題を明らかにすることを目的としている。最後に、ＣＤＭとも密接な関係を持つ、気候変動に対処するための国内の制度・政策の可能性と課題、および国際的な枠組みの可能性と課題にふれて、本稿を締めたい。

近年、気候変動に対処するために国内の温室効果ガス削減のための制度・政策として国内排出量取引制度や炭素税（環境税）が盛んに議論されている。二〇〇八年に発表された福田ビジョンでは、国全体を低炭素社会に動かしていくための仕組みとして国内排出量取引制度と税制改革（税制のグリーン化）を挙げている。自民党の地球温暖化対策本部の中間報告「最先端の低炭素社会構築に向けて」（二〇〇八年六月一一日）では、国内で二〇一〇年から排出量取引制度の準備的運用を始めるとされ、一〇月には試行方法の概要も決まった。また、同対策本部では、環境税の必要性についても議論を行っている。民主党も党内の地球温暖化対策本部が提出した「地球温暖化対策基本法案」（二〇〇八年六月四日参議院提出）において、温室効果ガス排出削減のための基本的政策に国内排出量取引制度および温暖化対策税の創設を挙げている。国内排出量取引や炭素税は、世界に目を向けるとすでに制度・政策を導入している国や経済地域がある。

国内排出量取引のメリットとされる主な点は、炭素排出に価格をつけることができる、排出枠を設定した排出者の排出総量をコントロールできることなどである。ただし、公平な排出枠の初期配分の困難さや投機などのマネーゲームとなる可能性などの課題が指摘されている。

炭素税のメリットとされる主な点は、小口の排出者も含めてあらゆるCO_2排出者をカバーできること、環境意識の向上などのアナウンスメント効果、化石燃料の使用抑制・効率化／燃料転換・技術革新へのインセンティブ効果などである。ただし、排出削減量が確定できないなどの課題が指摘されている。

気候変動問題を引き起こす要因とされる温室効果ガスを大量に排出してきたのは、日本を含めた先進国である。産業革命以降、欧米諸国は、資源・エネルギーを大量に消費しながら経済規模を拡大させてきた。日本も、欧米に追従する形で多くの温室効果ガスを排出してきた。歴史を振り返れば、途上国や新興国と呼ばれる国々からの無償や不当に安い価格での資源や労働力の収奪が、先進国の大量の資源・エネルギー消費を可能にしてきた側面も大きい。新興国のように高度経済成長の只中にある国々もあるが、多くの国々が貧しさから抜け出せない状況にある。そのような国々に対して、これまで経済的な豊かさを手に入れ、現在でも資源・エネルギーを大量に消費し続けている先進国が、気候変動対策に参加せよといっても不平等だといわれるのは無理もない側面がある。先進国は、こうした指摘を真摯に受け止めてこれまでの自国の消費や歴史を顧みつつ、まずは謙虚に国内の気候変動問題への取り組みを強化する必要があるといえるだろう。

したがって、国内排出量取引制度や炭素税といった施策を真摯に検討することも重要である。しかし、グローバル経済の下で競争している企業にとっては、世界レベルで不公平な条件を付与されることが耐え難いのは当然である。温室効果ガスの削減に関して努力している企業が報われる政策を講じる必要がある。よって、国内排出量取引を導入する場合には、そのキャップ設定が、国際的に不公正なものでないかを検討する必要があるし、炭素税を導入する場合にも国際競争力の問題に十分配慮しなければならない。こうした配慮なしに国内排出量取引や炭素税を導入するというのでは、公正な政策とはいえないであろう。

また、国内排出量取引に関しては、マネーゲームに関する十分な配慮が必要である。特に、オークション型の排出量取引制度を導入し、各国の国内排出量取引制度を国際的にリンクし、巨大な国際排出量取引市場を創出することは、市場の混乱をきたす可能性もある。慎重な検討が必要であり、炭素排出に価格をつけるといった理由のみでそうした市場の創出を正当化することはできない。国内排出量取引については、その内容に関して、さらなる検討が必要である。

ただし、日本の二〇〇六年の温室効果ガス排出量は一九九〇年と比較し六・四％増加している。日本を含む先進国は、六〇~九〇％の大幅な排出削減を求められている。企業や市民の自主的な取り組みに大きく依拠している日本の気候変動対策は変更されざるをえない。制度構築に遅れる国は、国際社会の信頼を獲得できないのみでなく、結局、気候変動対策技術の開発に遅れをとり、国益をも大きく損なう可能性がある。気候変動に対処するには、制度の革新だけでなく、技術の革新をさらに進めていくことが必須であり、技術革新を促すためにどのような政策を導入していくことがよいのかを炭素税や国内排出量取引に限らず検討していく必要がある。政策の長所・短所を比較検討しつつ、日本の経済・社会に適した国内のポリシーミックスを現実のものにし、気候変動対策を展開していく日本の政策形成能力が問われている。

一方で、中国やインドなどの新興国が高度経済成長にともなって温室効果ガスを大量に排出させており、先進国のみで温室効果ガスを大幅に削減するというのは現実的には困難である。特に新興国はその排出量の規模からみても、今後は京都議定書の時のように削減義務を全く負わないというわけにはいかない。

ただし、新興国に削減義務を課すならば、次の国際枠組みづくりにおける米国の積極的参加は必至である。CO_2の最大の排出国（ＩＥＡ（国際エネルギー機関）二〇〇六年のデータによる）が離脱して

◉コラム7

〝京都議定書〟の検証はＣＯＰ３京都会議ホスト国の責任

—二〇一三年以降の国際枠組みが真の排出量削減につながるために—

黒坂三和子

二一世紀初頭の今、私たちの唯一の生きる場・地球の生命系は危機の淵にある。二〇世紀に無秩序に拡大した経済活動を根本的に転換しないかぎり、未来は暗いという歴史的な緊急時にある。気候変動枠組条約とは、国際的な協調行動によって、地球規模でその転換を遂げるための手段である。それはまた、世界の人々が〝多様ないのち〟とともに安寧に生きていくために不可欠な〝大気〟という貴重な自然資源を、兵器で争うのではなく、公正に安全に持続的に利用できるよう努めるプロセスである。人類史上の新しい平和構築ガバナンスづくりに挑戦しているともいえる。

この基本的な視点を確認した上で、世界の温室効果ガス排出量を削減し、不可逆な方向に進みつつある気候変化の速度の抑制を、「なぜ京都議定書では達成できないのか？」と検証することを提案する。本来の目的を達成できるような二〇一三年以降の国際枠組みの構築に貢献するために、私たち日本人は、ＣＯＰ３京都会議のホスト国の義務と責任として、ＣＯＰ３京都・京都議定書・京都メカニズムに関して客観的に政策分析し、その評価と教訓を整理しておく必要がある。その概要を以下に言及してみることにする。

まず、ホスト国の日本の基本姿勢に関して分析すべき主要事項を挙げてみる。

①当時の日本政府の政策形成関係者は、ＣＯＰ３京都会議の意味をどのように理解し、どのような目的で、どのようなコンセンサスを得て開催したのか。どのような体制を準備していたのか。

②日本の削減数値は実際にどのような根拠を

基に合意したのか。EUや米国における実体経済の実情を把握していたのか。日本政府はどのくらいの経済的負担を予測し覚悟していたのか。

③実際に取組む企業や多様なセクターはどのように合意にかかわったのか。

④米国政府が合意を変更するか否かのシミュレーションをした上で、日本は数値に合意したのか。米国政府が離脱した際に、日本も協調行動をとるべきか否かの議論はされたのか。日本政府は京都議定書の約束数値を達成する意義を何に見出したのか。

⑤会議開催は日本にどのようなメリットとデメリットをもたらしたのか。

⑥京都会議から一〇年余の経験をどのように評価しつつ今後の教訓としているのか。

次は、「京都議定書」に関してである。

①京都議定書の数値は、どのような過程を経て、どのような根拠を基にして国際的に合意されたのか。

②世界の温室効果ガス排出量削減に真に役立ったのか。

③一〇年間の国際交渉のための各会議などを含めて、総額経費はどのくらいか。削減効果とのコスト計算はされているのか。

④京都議定書から米国は離脱したが、過去一〇年余、米国にはどのようなメリット・デメリットとなったのか。

⑤京都議定書は、EUや日本、中国、インド、他の途上国にどのようなメリット・デメリットをもたらしたのか。

⑥京都議定書を批准しなかった国々は、今世界各地で起こっている気象被害に対し、どのように責任をとり補償するのか。

⑦京都議定書約束遵守のための各種委員会および事務局は、その役割を十分に果たしてきたのか。どのような課題を抱えているのか。二〇一三年以降も同様でよいのか。

⑧京都議定書合意によって、メリットあるいはデメリットを受けた国や産業、組織や個人はどのようなところか、なぜか、どのくらいなの

か。

⑨一九九二年の条約採択から京都議定書批准を経ての一七年間における成果は何か。本質的課題は何か。

「京都メカニズム」に関しては特に本質的な問いを含むことになる。

①何のために導入されたのか。

②CDM—途上国の排出量削減を財政支援するために導入されたCDMは、実際に先進国の削減に役立ちつつ、途上国の人々のための効果が出ているのか。中国やインド、ブラジル等の大量に排出し急激に経済成長を遂げている国々と、気候変化の悪影響を受ける最貧諸国との間の不公平さをCDMで埋めることができるのか。途上国支援のためのより良いメカニズムとは何か。

③排出量取引—どのような経緯で、どのような目的で提案され、導入されたのか。直接の排出量削減につながらない取引の導入は、革新的な技術発展や既存の環境技術の活用などによる全体量削減へのインセンティブを低下させるという二重のモラル問題にどう対応するのか。キャップをかければ解決されるとの論があるが、温室効果ガスを排出している経済状況（実体経済）がそれぞれの国で異なる状況において、国別に公正なキャップのつけ方が真にできるのか。底なしの金融恐慌を起こした金融工学手法が露呈した今、すべての生きものの生存に不可欠な〝大気〟の汚れの度合いを取引するという制度を推進する意味は何か。

④二〇一三年以降の国際枠組みに、この京都メカニズムを継続させる必要はあるのか。代替案はどのようなものなのか。

このような政策的分析項目を整理した上で、世界規模での公正な削減対策のために、地球益と日本の国益の双方を両立させつつ、日本のもてる環境技術や伝統工芸術、人材や資金をどのように有効に活用できるのか、真摯にかつ実際的に貢献できるあり方を決定すべきである。

二〇五〇年までに世界で温室効果ガス排出量五〇%~八〇%を削減するには、一九九二年に合意した気候変動枠組条約の延長上からの国際枠組み構築では不可能ではないか。二一世紀の斬新なガバナンスが必要ではないか。〝人々の真の安寧を確保できる国際社会〟あるいは〝ポスト経済成長社会〟を目指して、OECD諸国、BRICs、発展途上国などにおけるそれぞれの産業構造の実体を見据えつつ、技術で解決可能な構造の国、財政的な支援で転換できる構造の国、制度・政策の転換で可能な構造の国など、きめ細かなシミュレーションを行い、国際協力や民間の相互扶助によって実現させていくという大胆で細かで公正な行動を可能とするガバナンスである。

私たち日本人は、政策分析や制度設計の思考訓練と国際交渉の経験を十分に積んできており、そのガバナンスにおいて果たしうる役割は大きい。ホスト国としての義務を果たそうとする強い意志と、地球益と国際競争の双方を達成しようとする願いとのせめぎ合いを抱えて努力してきた日本人の一〇年余の経験は、非常に貴重なものだと認め評価しよう。そして、お互いの失敗や間違いを認め許し合い、〝痛みは知性に力を与える〟という表現を支えとして、人類史上の試行錯誤のプロセスであるという認識の下で、人間としてやりがいのある新たな挑戦に向かって協働する道を進もうではないか。

いる現在のような状況が続けば、二〇一三年以降において途上国や新興国に排出削減の協力を求めることなどできるはずもない。途上国や新興国のみでなく、現在の米国が離脱した国際枠組み下で、削減義務を守るためにコストや技術の多くを負担している日本やEUの企業の中には不公平を訴えるものもある。企業などの削減努力をする側の視点、経済成長を追求するためにCO_2の排出を制限されたくない途上国や新興国の視点に立てば、二〇一三年以降は、先進国全てが国際枠組みに参加した上で、新興国を含めた公正で効果的な削減義務を策定する必要があるといえる。

京都議定書を批准している日本は、その約束を達成するために注力することはもちろんであるが、二〇一三年以降の世界の取り組み促進のために役割を果たすのは当然であり、そのためには、京都議定書の欠陥も見据え、どのような国際枠組みであるべきかを世界に提案していくことが重要である。

二〇一三年以降に関して、国際枠組み全体をどうするかという議論とCDMを今後どうしていくかという議論は、不可分である。二〇一三年以降の枠組みにおいても、CDMが資金や技術の乏しい国への技術移転の方策として重要な役割を果たす可能性がある。CDMの果たす役割が大きいほど、「質」より「量」が大事という人も出てくるであろう。国がCDMを活用して削減義務を達成する場合には、質がよいプロジェクトのクレジットを購入することは、価格が高いものを購入することを意味し、その国の税金が多く使われることになり、許されないという意見も強い。CDMの質の向上を求めるには、政府等に質の高いクレジットを購入するように求めるだけでは不十分であり、CDMのシステムを変え、CDM全体の質の向上を図る必要があるだろう。

途上国や新興国が主張するように、経済成長過程において温室効果ガスの排出増を避けることは容易ではない。この点を踏まえると、先進国の途上国に対する気候変動防止のための資金や技術面での貢献は不可避といえる。だが同時に、開発した技術を無償で供与することは、それまでの技術開発努力を無視し、技術開発のインセンティブをそぐことになる側面もあり、簡単に実施すべきではない。技術開発者・国が報われる制度にしなければならない。一方で、日本企業の世界最高水準の技術を世界の温室効果ガス削減に活用しないことはナンセンスである。そのためにどのような形で技術を海外に普及するかが問われている。その方策として、ＣＤＭという手法を続けるべきか、その他の手法・枠組みを追求すべきか、ＣＤＭと他の手法・枠組みを組み合わせるべきか、ＣＤＭを続ける場合ＣＤＭのシステムをどう改善していくのか、といったことの判断が問われている。

日本も含めた先進国は、国内の気候変動政策を推進するとともに途上国の気候変動対策の推進に貢献しながら、自国の経済・雇用の維持・活性化と、途上国の持続可能な発展の実現も図るという課題に直面している。気候変動の危機、そして、金融不安を契機とする経済危機をチャンスに変え、ＣＤＭ等の国際的な制度・枠組みと国内の制度・政策のイノベーションを図る、私たちの英知と実行力が問われている。

注1――世界銀行　State and Trends of the Carbon Market 2008 Washington, D.C. - May 2008

注2――ＩＧＥＳ ＣＤＭプロジェクトデータ分析
　ＩＧＥＳサイト　http://www.iges.or.jp/cdm/pdf/data/iges_cdm_da.zip

注3――ＵＮＦＣＣＣサイトＪＳＰＬデータ。http://cdm.unfccc.int/Projects/DB/BVQI1143808492.42/view

注4――海綿鉄は、低温処理のために個体ではもろい。海綿鉄の不純物および不用元素を除去し、脱炭・吸炭して鋼や鉄を造る。

注5――UK　PARLIAMENT　サイト内
　http://www.publications.parliament.uk/pa/cm200607/cmselect/cmenvaud/331/7022007.htm

注6――追加性については、定義の解釈について様々なステークホルダーの間で議論されている。詳しくは第4章を参照されたい。

注7――ＵＮＦＣＣＣサイトＡＤＨＰデータ。
http://CDM.unfccc.int/Projects/DB/DNV-CUK1169040011.34/view

注8――Dailyindia.comのサイト　http://www.dailyindia.com/show/238111.php/Deforestation-in-Kullu-for-the-Allain-Duhangan-hydropower-project　"Deforestation in Kullu for the Allain Duhangan hydropower project" May 08, 2008

注9――International Rivers　http://internationalrivers.org/　SANDRP (South Asia Network on Dams, Rivers & People　http://www.sandrp.in/sri/) など。

注10――「持続可能な発展」は、様々な解釈、多くの議論の過程を経て、「環境」「経済」「社会」の調和的発展であるということが、多くの論者の中での共通の認識とされるようになっていると考えられる。日本の第三次環境基本計画では「環境保全の観点から持続可能な社会・経済の姿を目指すことが、我が国経済の将来にわたる持続的な発展にも結びついていくものと考えます。」という文言がある。

注11――ＩＧＥＳ　ＣＤＭプロジェクトデータ分析
ＩＧＥＳサイト　http://www.iges.or.jp

注12――山本重成「ＤＯＥから見たＣＤＭの課題について」「ＯＥＣＣ会報50号」(二〇〇七年四月)

注13――ＩＧＥＳ　ＣＤＭ再審査・却下プロジェクトデータベース
ＩＧＥＳサイト　http://www.iges.or.jp/cdm/pdf/data/iges_cdm_review-rejected.zip

注14――環境省地球環境局地球温暖化対策課「図説・京都メカニズム　図説・京都メカニズム　第2版」(二〇〇三年四月)　環境省サイト　http://www.env.go.jp/earth/ondanka/kyoto-m/03/ref_all.pdf

注15――各削減主体に排出量を割り当てる方法には、過去の排出量を考慮して算出する「グランドファザリング」

（無償配分）と、原単位を考慮した「ベンチマーキング」（無償配分）、政府が排出枠を公開入札などで販売する「オークション」（有償配分）がある。グランドファザリングは「事業者にとって初期の費用負担が小さい」などの利点があるが「公平なキャップ決定が難しい」などの欠点もある。ベンチマーキングは「うまく策定できれば公平感が得られやすい」などの利点がある一方、「全産業について策定することは困難」などの欠点もある。オークションは「政府財源が得られる」などの利点が指摘される一方、「事業者にとって初期の費用負担が大きい」などの課題もある。

注16――原子力発電所の設備利用・増設が行き詰る一方、石炭火力発電所の設備が一九九〇年度以降三倍以上伸び、CO_2排出原単位は一九九〇年レベルにとどまる一方、CO_2排出量は大幅に増加。

注17――カーボン・オフセットの手段は、現実的に自らが他の場所で排出削減、吸収活動を実施することが困難である場合が多いため、通常他者が排出削減、吸収活動を実施することで創出されたクレジットを購入する手段を用いることが多い（詳しくは第5章を参照）。

注18――カーボン・オフセットのあり方に関する検討会（第二回）（二〇〇七年一〇月五日）議事次第・資料「英国において指摘されているカーボン・オフセットの主な問題点」
http://www.env.go.jp/earth/ondanka/mechanism/carbon_offset/conf/02/ref01.pdf

注19――仏政府、米国NGOなどもカーボン・オフセットに関するガイドラインを公表している。

あとがき

「環境・持続社会」研究センター（ＪＡＣＳＥＳ）事務局長　足立治郎

本書発行の一つの契機は、世界的にＣＤＭの活用が拡大してきたことにある。日本政府や欧州の政府が京都議定書目標達成のために、そして日本や欧州の企業が日本の自主行動計画や欧州の排出量取引制度の目標達成のために、ＣＤＭの活用を進めている。中国・インドをはじめとする途上国の政府や企業も、技術や資金獲得のために、積極的にＣＤＭに関与している。さらに、様々なクレジット制度や排出量取引市場が登場し、プロジェクト発掘業者・仲介業者なども増え、カーボン・マーケットが複雑な形で出現・展開してきている。

ＣＤＭおよびカーボン・マーケットは、気候変動に対処するための市場・経済の仕組みを構築しようとする試みであり、気候変動問題解決の大きな鍵となる可能性がある。しかし、一方で、サブプライム問題のような過度・不適切なマネーゲームを促進し、実体経済の担い手が報われず、気候変動対策や世界経済の混乱要因となる危険性もある。ＣＤＭおよびカーボン・マーケットの現状を極力正確に把握し、ありうる利点と欠点の双方を見据えた冷静な議論・制度構築を促すため、本書の作成を企画した。そうした点で、本書は、ＣＤＭおよびカーボン・マーケットの活用者のためのマニュアル本のようなものとは異なり、これまであまりなかった書といえる。

気候変動に対処するには、それを可能とする国際枠組みを構築することが不可欠である。ＣＤＭを問うことは、必然的にその実施が決定された京都議定書を問うことにつながる。米国が抜けていることなどのため、京都議定書は、残念ながら温室効果ガス削減効果の点でも、公正な経済競争の構築の点でも欠陥を有していることは否定できない。二〇一三年以降の国際枠組みは、京都議定書の限界を越えるものとする必要がある。気候変動に対処する温室効果ガス削減に資する内容にしながら、極力公正な国際的政治枠組みや経済秩序を構築する必要がある。その国際枠組みの中に、ＣＤＭやカーボン・マーケットをいかに位置づけるかは、大きな課題である。

また、気候変動に対処するには、各国の国内対策の抜本的強化、特に、技術開発とその普及促進が急務である。本書でみたように、ＣＤＭと日本の自主行動計画、ＥＵの排出量取引制度は密接に関係している。国内の対策強化を考えるとき、ＣＤＭを含むカーボン・マーケット全体のあり方も適正化していかなければならない。さらに大幅削減を可能とする、環境税も含む適切な国内政策の強化・ポリシーミックスの構築が急がれる（そのためには、同じく築地書館より上梓している『環境税』も、是非、セットでお読みいただきたい）。

拡大しつつあるＣＤＭを含むカーボン・マーケットの適正化は、気候変動問題に対処する国際枠組みと国内対策・政策を適正な形で整えていくために、不可避の課題となっているのである。本書は、その課題に応えるために、様々な示唆を提示する内容にしたつもりである。

本書作成にあたり、三井物産環境基金及びＷＷＦエコパートナーズ事業に助成をいただいた。こうした資金助成が、本書の出版を可能とした。また、本書の原稿作成等のために、当センターのインターン・ボランティアである河越信二郎さん、鈴木千恵さん、岸俊介さん、射手夏子さん、中山佳奈子さん、斎藤健二さん、小川早百合さん、西坂有加さん、堀口睦乃さん、瀧口加奈子さん、神田拓哉さん、加納琢伊さん、歌川学さん等に、御尽力をいただいた。こうした大学生、大学院生、社会人の方々の支えこそ、本書出版の大きな原動力となった。また、築地書館の宮田可南子さんには、本書編集・出版において、私たちのたび重なる原稿修正にねばり強くご対応いただいた。これらの資金助成や御尽力に対して、ここに深く感謝申し上げます。

今日の世界は、「経済学者」などが予期していたはずのサブプライム問題にすら対応できず、深刻な金融危機と経済・雇用危機の泥沼から抜け出すことが困難な状況にある。こうした状況を鑑みるとき、気候変動という問題に対処しながら、金融・経済・雇用危機をも回避できるような政策や金融・経済システムを構築することなど、果たして可能なのか、大いに疑問がわいてくる。

次回刊行予定の書籍では、実務家／事業者も含む国内外の英知を集め、気候変動に対処するための国際的な社会・経済システム構築に向け、さらに深化（進化）した現状分析と提案を行っていく予定である。

用語解説

五十音順。項目は日本語/原語/略語の順で示した。

［ア行］

オークション

Auction

排出量取引制度の排出量割当方式のひとつ。排出量上限が事業者に有償配分される。無償割当で過去に排出量の多い者に大きな枠が配分される問題を解決する等の利点が指摘される一方、「事業者にとって初期の費用負担が大きい」として反対意見が多いなどの課題もある。

温室効果ガス

Green House Gas/GHG

大気圏内のガスで、地表から放射された赤外線を吸収し、地球の気温を上昇させる効果を有する気体を総称で温室効果ガスという。温室効果ガスは自然界にも存在するものであるが、化石燃料の燃焼による二酸化炭素の放出など人間活動が及ぼす影響が、近年の地球温暖化議論の中で主な焦点とされてきた。京都議定書の中で排出量削減対象となっているものは、二酸化炭素（CO_2）、メタン（CH_4）、一酸化二窒素（N_2O）、ハイドロフルオロカーボン類（HFCs）、パーフルオロカーボン類（PFCs）、六フッ化硫黄（SF_6）である。

温室効果ガス排出削減量購入協定

Emisions Reductions Purchase Agreement/ERPA

CDM/JIプロジェクト等により削減される温室効果ガスの購入に際して結ばれる協定。プロジェクトの場合、出資者とプロジェクト実施者とのあいだで締結されることが多い。出資者とはクレジットを購入する側（例、大手電力会社等）であり、実施者とはそのクレジット発行のためのCDM/JIプロジェクトを実施する側（例、エネルギー会社、メーカー、建設会社など）である。責任の明確化、購入権の確立、リスク配分など合意内容が記載される。

［カ行］

カーボン・オフセット

Carbon Offset

人間の経済活動を通して排出されたCO_2などの温室効果ガスを、植林・森林保護・クリーンエネルギー事業などによって他の場所で直接的、間接的に吸収・削減しようとする考え方や活動の総称。（第5章参照）

カーボン・ニュートラル

Carbon Neutral

排出量が吸収・固定化量、排出削減量と均衡し大気中のCO_2の濃度に影響を与えないこと。

カーボン・フットプリント

Carbon Footprint

フットプリントの訳語は「足跡」。個人の活動や企業による製品・サービスを提供する過程で排出されるCO_2の足跡を追って数値換算する考え方。各過程で排出されるCO_2を重量で表示する。カーボン・フットプリントの考え方は、自らが排出した CO_2 を相殺するカーボン・オフセットの目安となるものであり、英国を中心に広まっている。英国でポテトチップの包装に表示されたのが最初である。これには一袋で CO_2 排出量75gであると記された。75gの各段階での割合は、じゃがいもの栽培44%、製造30%、包装15%、配送9%、廃棄2%とされた。

緩和

Mitigation

気候変動問題における緩和とは、温室効果ガスを削減し、大気中の温室効果ガス濃度の上昇を抑えて気候変動の進行を緩和すること。気候変動の「原因」に対する対策を指す表現として、気候変動の「影響」に対する対策である「適応」と区別して使用される。

気候変動に関する国際連合枠組条約（気候変動枠組条約）

United Nations Framework Convention on Climate Change/UNFCCC

1992年にリオデジャネイロ（ブラジル）で開催された地球サミットにおいて155ヶ国が「気候変動に関する国際連合枠組条約」に署名を開始し、1994年3月に発効した。「枠組

条約」とは、特定の問題に関する対処の枠組を定めた条約のこと。まずは合意可能なところから合意してゆき、後に中身を詰める方法を採るのが特徴。

その中身にあたるものが「京都議定書」であり、「共通だが差異のある責任」の原則の下で、締約国が率先して温室効果ガスの削減に取組むため、その法的義務を数値化していることが特徴である。

この枠組条約の締約国の会議である「締約国会議（COP)」は毎年開催されている。京都議定書は第3回締約国会議（COP3）にて採択された。議定書が発効した後は、議定書に関する会合（MOP）も同時に開催されている。

気候変動に関する政府間パネル

Intergovernmental Panel on Climate Change/IPCC
1988年にWMO（World Meteorological Organization = 世界気象機関）とUNEP（United Nations Environment Programme＝国連環境計画）によって設立された。日・米・英・仏・加・蘭・旧ソ連・中国等、先進国・途上国・旧共産圏を含む世界中の科学者が参加している。気候変動に関する科学的・技術的・社会経済的評価を行い、得られた知見を政策決定者はじめ広く利用してもらうことを目的としている。その功績により、ノーベル平和賞を受賞している。
IPCCには3つの作業部会があり、第1作業部会（Working Group I/WG I）は気候システム及び気候変動に関する評価を行う。第2作業部会（Working Group /WG II）は気候変動に対する社会経済システムや生態系の脆弱性と気候変動の影響及び適応策を評価し、第3作業部会（Working Group III/WG III）は温室効果ガスの排出抑制など気候変動の緩和策を評価している。
IPCCの出す評価報告書や特別報告書は、国際的な科学的見解を代表するものとして国際交渉に大きな影響を及ぼす。特に5年に1度程度の割合で作成される評価報告書は、国際交渉と協力の科学的基礎となっている。2007年に発表された第4次評価報告書では、人類による温室効果ガスの排出が気候変動の原因である可能性がかなり高い（90%以上の確率）として、気候変動論争に大きな影響を与えた。

キャップ・アンド・トレード

Cap and Trade
排出量取引の方式の一つ。温室効果ガスの排出者に、目標年までの排出量上限（キャップ）を設定し、排出量を割当てる。排出量の取引（トレード）を認め、割当量より少ない排出を達成できた排出者は、余剰の削減分を売ることができ、割当量を上回ってしま

う主体は、目標達成に必要な排出削減分を市場から買ってくることができる。排出規制より費用対効果の高い形で環境負荷物質を削減しうる手法といえる。排出量配分方式には無償割当と有償割当（オークション）があり、無償割当には過去の実績をもとにするグランドファザリングと、効率をもとにするベンチマーキングがある。全体の総排出量をコントロールしやすいなどのメリットが指摘される一方、排出枠が甘いと削減に寄与しないなどの問題も指摘されている。なお、排出量取引には、キャップ&トレード方式とは別に、ベースライン&クレジット方式もある。

究極的な目的

Ultimate Objective

気候変動枠組条約では、その第２条において同条約の究極的な目的として、「気候系に対して危険な人為的干渉を及ぼすこととならない水準において大気中の温室効果ガスの濃度を安定化させること」と定めている。

共通だが差異ある責任

Common but Differentiated Responsibility

地球環境問題に対しては全ての国が問題解決にあたるべき責任を共通にもつが、その責任の重さは、問題の原因への寄与度や能力によって異なっているという考え方。1992年の地球サミットで採択されたリオデジャネイロ宣言やアジェンダ21においてはじめて明示的に用いられ、気候変動枠組条約でも採用されている。

今まで経済成長を推し進め地球環境に大きな負荷をかけてきた先進国と、今後経済成長を望む発展途上国の立場の違いを認めつつも、地球環境問題に対する責任は共通であるという概念。

共同実施

Joint Implementation/JI

京都メカニズムの一つ。先進国（附属書Ｉ国）が、別の先進国（附属書Ｉ国）において温室効果ガス削減プロジェクトを行い、削減分をクレジットとして、自国に持ちかえり、京都議定書で定められた目標達成に使用することができる制度。民間企業も参加可能。

京都議定書

Kyoto Protocol/KP

気候変動枠組条約に基づき、1997年12月に京都で開かれた第3回気候変動枠組条約締約

国会議（地球温暖化防止京都会議、COP3）で採択した議定書である。気候変動の原因となる温室効果ガスについて、先進国における削減率を1990年を基本的に基準年として定め、2008年から2012年までの第一約束期間中に、共同で先進国全体の合計排出量を少なくとも５％削減することを目標としている。

各国の具体的な数値目標は附属書Bに定められている。主な数値としてEUマイナス８％、米国マイナス７％、日本マイナス６％。

発効要件（効力を発する要件）として、議定書を締結（批准）した国数が55カ国以上であり、かつ締結した附属書Ｉ国の1990年におけるCO_2の排出量が同年における附属書Ｉ国によるCO_2の総排出量の55％を越えることを規定している。温室効果ガスの最大の排出国である米国が離脱を表明したことなどから発効が見送られていたが、2004年にロシアが批准したことにより、2005年２月に発効。

また、温室効果ガス削減のための柔軟性措置として、京都メカニズムと呼ばれるクリーン開発メカニズム（CDM）、排出量取引（ET）、共同実施（JI）の３つのメカニズムについても定めている。

京都メカニズム

Kyoto Mechanism

京都議定書で認められたもので、議定書締約国のうち法的拘束力のある温室効果ガス削減目標を負う先進国（附属書Ｉ国）が目標達成のため、外国から排出枠を購入したり、外国で温室効果ガス削減を行った場合、その削減分を自国の削減量としてカウントできる仕組み。具体的には、排出量取引（ET）、クリーン開発メカニズム（CDM）、共同実施（JI）の３つの措置がある。他の国の削減への協力などによって先進国が国内で温室効果ガス削減を行うよりも少ない初期投資で削減することが可能となる柔軟な措置であることから、柔軟性措置とも呼ばれる。京都議定書では、京都メカニズムの利用は国内対策に対して補完的であるべきとされている。

京都議定書目標達成計画

Kyoto Protocol Target Achievement Plan

京都議定書に基づく日本の削減約束（基準年比6％削減）を達成するための今後の温暖化対策の方向性を示すもの。略して「目達（もくたつ）」とも呼ばれる。2005年、小泉内閣にて閣議決定された。2007年度に、評価・見直しを受けて改定されている。

改定後の計画では、2010年時点の温室効果ガス排出量の目標を提示。エネルギー起源CO_2排出で基準年総排出量比プラス1.3〜2.3％、非エネルギー起源CO_2排出で同マイナ

ス0.04%、メタン排出で同マイナス0.9%、一酸化二窒素排出で同マイナス0.6%、代替フロン等3ガスで同マイナス1.6%を達成目標としている。これらに加え、京都メカニズム関連で同マイナス1.6%程度、森林のCO_2吸収増加で同マイナス3.8%程度を確保するとした。

これらの目標の設定にあたっては、6つの対象ガスごとの削減対策も示し、またエネルギー起源CO_2排出に関しては、部門ごとの「目安」としての目標も示した。発電時の排出を消費側に割りふる間接排出(電力配分後)で排出量を計算する。民生業務部門、民生家庭部門、運輸部門については、2010年の排出量を基準年比でそれぞれ、26.5〜27.9%増、8.5〜10.9%増、10.3〜11.9%増に抑制するとした一方、産業部門で基準年比マイナス11.3〜12.1%、エネルギー転換部門で同マイナス2.3%を達成し削減を実現するとした。エネルギー転換部門や産業部門の削減対策は産業界の自主行動計画に大きく依拠している。「目達」に環境税や国内部門排出量取引制度などの政策を明確に位置づけるべきといった意見も少なくない。

クールアースパートナーシップ

Cool Earth Partnership

2008年に福田内閣が表明した、気候変動対応における開発途上国支援のための資金メカニズム。5年間で累計1兆2500億円程度の資金供給を可能とする資金メカニズムで、2008年から運用が開始される。気候変動に関する適応策・クリーンエネルギーアクセス支援として2500億円程度を、緩和策支援として1兆円程度を、国際機関や円借款、米国や英国と協同で創設する新基金などを通じて供給する。

クレジット

Credit

認証されたプロジェクトが削減した温室効果ガス1トンを「1クレジット」として扱い取引の対象とされている。プロジェクトの種類に基づき京都議定書およびマラケシュ合意はAAU(初期割当量)、ERU(共同実施(JI)プロジェクトによるクレジット)、CER、tCER、lCER、RMU(国内吸収源活動によるクレジット)の6種類のクレジットを規定している。CDMプロジェクトを実施して創出されるクレジットはCER。tCER、lCERは新規植林・再植林のCDMプロジェクトを実施して創出されるクレジットであり、有効期限がある事が特徴。

グランドファザリング

Grandfathering

排出量割当て方式のひとつで、過去の排出量を考慮して算出するもの。排出量上限が事業者に無償配分される。「排出者にとってキャップを予測しやすい」などの長所が指摘される一方、「公平なキャップ決定が難しい」などの短所もある。

グリーン投資（インベストメント）スキーム

Green Investment Scheme/GIS

京都議定書の下での排出量取引（ET）を実施する際に、AAU（初期割当量）の売り手国が、AAU売却によって得られる資金を自国の気候変動対策にあてるよう使途を限定する仕組み。ロシアや一部の東欧諸国などでは、経済状況の混乱が原因で、努力しなくても1990年以降のエネルギー消費が低減し、CO_2 排出量も大幅に減少している。これらの国々で生じている余剰のAAUは、実質的な削減努力で生まれたものではないため、「ホット・エアー」であるとして批判の対象になっている。グリーン投資スキームの下では、こうしたAAUの売却によって得られる資金を、それらの国々の気候変動対策に使うことが求められるため、実際の排出削減に結びつけることが可能となる。この仕組みは京都議定書には規定されておらず、各国の判断に委ねられている。

日本政府は2007年に、ハンガリー政府とグリーン投資スキームに関する覚書を締結している。グリーン投資スキームの手法を用いて、CO2換算で最大1000万トンの排出枠を購入し、京都議定書削減目標の不足分に充てることが見込まれる。同様に、日本政府は2008年にポーランド政府とグリーン投資スキームにおける協力に関する覚書に署名した。

クリーン開発メカニズム

Clean Development Mechanism/CDM

先進国（附属書I国）が、途上国（京都議定書締約国のうち目標を負わない非附属書I国）で温室効果ガス削減プロジェクトを行い、削減分をクレジットとして、自国にもちかえることができる制度。京都議定書の第12条に規定されており、温室効果ガスの削減を補完する柔軟性措置のひとつ。温室効果ガス削減のための途上国への技術の普及、途上国への投資の増加、先進国と途上国との格差（南北問題）の軽減といった副次的な効果もある。

あくまでも温室効果ガス削減に対する補完的な措置として用いるのが本来であるが、先進国が自らの削減努力を怠りクレジット購入でまかなおうとする恐れ、追加性のないプロジェクトがCDMとして認められてしまう恐れ、CDMプロジェクトによって生態系破

壊など他の環境問題を発生させてしまう恐れなども指摘されている。

限界削減費用

Marginal Abatement Cost/MAC

温室効果ガスを追加的に一単位削減するのに必要な費用のこと。削減を行なう主体や場所によって、利用可能な技術や資源の状態が異なるなどの要因により、CO_2を一単位削減するためにかかる費用が変化する。

検証排出削減量

Verified Emissions Reduction/VER

第三者機関により検証（verify）された温室効果ガス削減量のこと。広義では、京都議定書上のクレジット（CERやERUなど）も含みうるが、VERという言葉があえて使われる場合は、京都議定書下で認められるクレジットではなく、民間で自主的に検証を受けたクレジットのことを指す場合が多い。

コミュニティ開発炭素基金

Community Development Carbon Fund/CDCF

世界銀行が設立した温室効果ガス削減プロジェクトを支援するファンドの一つ。発展途上国の中でも特に貧しい国と地域における、地域社会および環境への貢献が明らかなCDMプロジェクトからのクレジットを対象にしたファンド。

国際連帯税

International Solidarity Tax

国際的な通貨取引や国際線の航空券などに課税をし、途上国の貧困対策などの財源にする仕組み。

航空券に対する課税は、航空券国際連帯税として、2006年９月にフランス、ブラジル、チリ、ノルウェー、英国の５カ国でスタートしている。導入国に属する各航空会社が、チケット代金に税を上乗せする形で徴収する。エコノミークラスに５ユーロ（約650円）、ビジネス・ファーストクラスに20ユーロ（約2600円）が目安。その税収は、主に国際医薬品購入ファシリティ（UNIT AID）の資金となり、途上国で猛威をふるうHIV/エイズ・マラリア・結核の医薬品を長期に大量に購入すること、またジェネリック薬の供給拡大により、医薬品の価格を下げ、患者に安く治療薬を提供することに使われている。

通貨取引に対する課税は、投機的なマネーゲームを抑制し、その資金を途上国の貧困対

策などにあてることを目的としている。

国内クレジット（国内CDM）制度

大手企業が資金調達や技術・ノウハウの提供で中小企業などの温室効果ガス削減を支援し、見返りにクレジット（排出枠）を取得できる仕組み。大手企業は取得したクレジットを自主行動計画の達成などに使用することが見込まれる。

国内（域内）排出量取引制度

国内・域内企業などの間で排出量取引を行う制度。「グランドファザリング」「ベンチマーキング」「オークション」などいくつかのタイプがあるが、排出者に排出量上限（キャップ）を設定し取引（トレード）も認めるキャップ&トレード型制度が基本。

[サ行]

サーティフィケーション／認証

Certification

指定運営組織（DOE）が、ベリフィケーション（検証）の作業のあと、CDMプロジェクトによる排出削減量を書面によって確約すること。

自主行動計画

Voluntary Action Plan

産業界などが自主的に定めたCO_2排出削減などの計画。日本では日本経団連が1997年に策定した。「2010年度に産業部門及びエネルギー転換部門からのCO_2排出量を1990年度レベルに抑制するよう努力する」ことが目標として掲げられている。

この日本経団連自主行動計画に加えて、日本経団連傘下の個別業種や日本経団連に加盟していない個別業種が温室効果ガス排出削減計画を策定しており、産業・エネルギー転換部門の排出量の約8割、全部門の約5割をカバーするに至っている。日本政府は、関係審議会などによる定期的なフォローアップを行っている。

自主行動計画は守らなくても罰則がなく、目標達成を担保する力は、欧州諸国にみられる政府と企業などが結ぶ「協定」に比較すると弱いといえる（協定不遵守の企業は、デンマークや英国では環境税の軽減が受けられず、オランダなどでは規制強化の検討対象となる）。

持続可能な発展／開発

Sustainable Development/SD

1987年に国連の「環境と開発に関する世界委員会」のブルントラント委員長が報告書の中で用いたことから有名になった概念。同報告書では、持続可能な発展/開発とは「将来の世代のニーズを満たす能力を損なうことなく、現在の世代のニーズを満たすような発展／開発」とされている。様々な解釈がある。

指定国家機関

Designated National Authority/DNA

CDM実施のためにCDMに参加する締約国政府が指定する国家機関。京都議定書の運用細則であるマラケシュ合意において、締約国政府はDNAを指定することとされている。締約国としての事業の承認や国家登録簿の整備などを行う。指定運営組織（DOE）は、CDM理事会への有効化審査報告書の提出に先立ち、関係する各締約国の指定国家機関からの書面による自発的参加承認をCDM事業実施者から受け取っていることが要請されている。日本では内閣の地球温暖化対策推進本部の下に設置された「京都メカニズム活用連絡会」がこの役割を担っている。

指定運営組織

Designated Operational Entity/DOE

CDMプロジェクトの審査機関。CDM理事会が認定（accreditation）し、京都議定書締約国会議が指定（designation）する。指定運営組織の認定・指定は、専門分野毎に行われる。DOEは認定・指定を受けた専門分野についてのみ、有効化審査もしくは検証/認証を行なうことができる。有効期間は、CDM理事会から認定された日から3年間である。この3年間の間に定期的な査察が行われる。

主にCDMプロジェクト実施者によって提出されたCDMプロジェクト計画書が適格か否かを評価し（有効化審査)、CDM理事会に対して登録申請を行う。また登録されたCDMプロジェクトによる温室効果ガス排出削減量を検証、認証し、CDM理事会に対してCER発行の申請を行う。

日本で認定・指定を受けているDOEとしては、日本品質保証機構（JQA)、JACO CDM., LTD （JACO)、トーマツ審査評価機構（TECO）などがある。

遵守行動計画

Compliance Action Plan

京都議定書に定められた削減目標を達成できなかった不遵守国が作成し、遵守委員会へ提出する行動計画。マラケシュ合意にて遵守行動計画の作成・提出の義務付けが決定された。遵守行動計画を提出後、毎年計画の実施に関する進捗報告書を提出することが義務付けられている。

遵守メカニズム

Compliance Mechanism

京都議定書に定められた目標を遵守するためのメカニズム。遵守のためのルールや不遵守の措置などを指す。

不遵守の措置として、排出超過分の1.3倍の次期約束期間の割当量からの差引、遵守行動計画の策定、排出量取引による移転の禁止が定められている。また、遵守を審査する機関として遵守委員会が設立されている。

省エネルギー法

Energy Saving Act

工場や建築物、機械器具などについての省エネルギー化を進めるための法律。1979年に制定された。工場のエネルギー管理と定期報告、新築建築物への断熱基準、機器のエネルギー消費効率規制などを定めている。1998年の改正では、自動車の燃費基準や電気機器などの省エネルギー基準へのトップランナー基準の導入などが行われた。また、2005年さらに改正が行われ、1)工場・事業場に関するエネルギー管理の一本化、2)運輸分野への省エネルギー対策の導入、3)建築物への対策の強化—などが行われた。また、2008年改正では、一定の要件を満たすコンビニエンスストアやファミリーレストランなどのフランチャイズチェーンも、事業者として対象になる。

初期割当量

Assigned Amount Unit/AAU

京都議定書によって、附属書Ｉ国に割り当てられる排出枠。

日本の場合は、基準年（基本的に1990年。代替フロン類は1995年）の温室効果ガス排出量はCO_2換算で12.61億トンなので、第一約束期間（2008〜2012年）の５年換算で６％削減した総量である（12.61億トン／年×5年×94%=）約59億トンが割り当てられた。

申請組織

Applicant Entity/AE

CDM理事会に指定運営組織（DOE）になるための申請書を提出し、受理された機関。CDM理事会の認定、京都議定書締約国会議の指定を受けた段階でDOEとなるため、区別している。

小規模 CDM

Small Scale CDM Project

CDMプロジェクトで次のいずれかの規模要件を満たすもの。再生可能エネルギープロジェクトであって設備容量が15MW（または同量相当分）までのもの、省エネルギープロジェクトであって需給エネルギー消費量が年間60GWh（または同量相当分）までのもの、その他人為的な排出量を削減するプロジェクトであって排出削減量が年間60kt（CO_2）のもの。通常のCDMプロジェクトよりも簡易なプロジェクト計画書の提出が許されている。資金面、制度面でCDMの実施が困難な途上国に対して、複雑な手続きや資金面での負担を軽減する狙いがある。

植林・再植林・森林減少

Afforestation, Reforestation and Deforestation Activities/ARD

京都議定書第3条3項では、第1約束期間（2008～2012年）の温室効果ガス排出量削減目標達成に利用可能な「吸収源＝Sink」として、1990年以降に行われた直接的で、かつ人為的な活動（植林･再植林･森林減少）のみを認めている。この3つの活動を総称して「ARD」と呼ぶことがある。植林とは、50年間森林でない土地への植林。再植林とは、もとは森林だったが、1989年以降森林でない土地への植林を指す。森林減少とは、森林地から非森林地に、直接的に人為的な転換を行うことである。これに加え、2001年のマラケシュ合意では「植生回復」「森林管理」「耕作地管理」「牧草地管理」を利用することも許容された。

植林・再植林 CDM

Afforestation or Reforestation Project/Activity under the CDM

途上国での植林・再植林活動を通して吸収されるCO_2の量を定量化し、排出権クレジットとして申請するCDM。エネルギー転換やメタン回収などのCDMに比べ、伐採や森林火災への懸念などの非永続性の問題からクレジットに制限がある。

シンク／吸収源

Sink

大気中の二酸化炭素などの温室効果ガスを吸収し、比較的長期にわたり固定することのできる森林や海洋等のこと。シンクである森林の増加を促す植林・再植林CDMなどが温室効果ガス削減の手段として認められている。

スターン・レビュー

Stern Review

英国政府が、ニコラス・スターン元世界銀行上級副総裁に依頼し作成された、気候変動問題の経済影響などに関する報告書。2006年10月に公表。

報告書では、気候変動問題に早期に対応策をとることによるメリットは、対応しなかった場合の経済的費用をはるかに上回ること、具体的には、対策を講じなかった場合のリスクと費用の総額は、現在および将来における世界の年間GDPの５％強に達し、より広範囲のリスクや影響を考慮に入れれば、損失額は少なくともGDPの20%に達する可能性があること、これに対し、気候変動の最大要因である温室効果ガスの排出量を削減するなど対策を講じた場合の費用は、世界の年間GDPの１％程度で済む可能性があることが示された。

政策 CDM

温暖化防止につながる政策を途上国に根付かせ、法制度導入後の温室効果ガス排出削減効果を測定し、その削減量を途上国が先進国に売却できるようにする新しいタイプのCDM。

製品 CDM

途上国において、省エネ製品などにキャッシュバック（販売価格の一部返還）などのインセンティブを付与することで、「通常の販売」よりも追加的に普及させ、エネルギー消費量を削減し、クレジットを獲得しようとする新しいタイプのCDM。

セクター別アプローチ

Sectoral Approach

1990年代にアメリカのシンクタンクが提案した、国際的な部門別排出削減の仕組み。当初は途上国の発電、工業セクターの排出削減への参加の仕組みとして考えられたが、日本政府が、電力や鉄鋼といった産業分野別に温室効果ガスの排出削減可能量を算出して

積み上げる方法などとして提唱した。京都議定書で定めていない2013年以降の枠組み（ポスト京都）づくりのための国連の作業部会で、検討課題にすることが決まっている。エネルギー利用効率（CO_2 排出原単位）の改善を目標とするのが基本的な考え方であるが、「積み上げ」の対象とする対策を限定した場合、その積み上げ結果と、IPCCなどの求めるトップダウンの世界ないし先進国全体の削減目標とに大きなギャップが生じ、不十分な削減目標になる可能性なども指摘されている。

セクターno　lose 目標

別名を「no lose セクター・アプローチ」という。先進国および途上国の主要排出国（中国、インドなど）を対象とし、特定セクター（鉄鋼など）において排出削減目標が未達成でもペナルティを課さない数値目標を指す。

セクトラル CDM

プロジェクトベースで行われるとされてきたCDMを、分野別に行ったり政策ベースで行うもの。取引コストの削減や政策の後押しが期待できる。

ソーラー・クッカー

Solar Cooker

太陽光を利用して発熱させることのできる調理道具。アルミやガラス板などにより太陽光を集め、熱に変える仕組みとなっているものが多い。インフラの整っていない発展途上国の農村では、調理する際に薪を大量に使用するため、近隣の森林を伐採しなければならず、森林減少や砂漠化の一因となっている。ソーラー・クッカーの使用により薪の使用量を減らすことが期待できる。

［タ行］

第一約束期間

the First Commitment Period

京都議定書で定められた第一段階の目標期間で2008年から2012年までのこと。

京都議定書では温室効果ガスの削減への取り組みの第一段階として、先進国全体の温室効果ガス総排出量を1990年から少なくとも５％削減を目指すことが規定されている。

日本には、第一約束期間の５年間における温室効果ガスの平均排出量を、基準年（CO_2、CH_4、N_2Oについては1990年、HFC、PFC、SF_6については1995年）の排出量から６％

削減するという目標が割り当てられている。

第二約束期間

the Second Commitment Period

京都議定書における数値目標は2008年～2012年の「第一約束期間」に設定されており、これに引き続く2013年以降を「第二約束期間」と呼ぶ。

京都議定書を引き継ぐ枠組みとして、ポスト京都とも呼ばれる。数値目標をめぐって世界各国で議論がかわされている。

短期的期限付きクレジット

Temporary CER/tCER

新規植林・再植林のCDMを通じて発行されたクレジットで、有効期限が短いもの。プロジェクト開始時に、プロジェクト実施者は得られるクレジットをtCERとlCERのいずれにするかを選択することができる。新規植林・再植林のCDMを通じて発行されたクレジットに有効期限があるのは、木が吸収したCO_2は、森林火災が起きた場合、大気中に再放出されてしまったり、成長した木を伐採すれば、CO_2の吸収はその時点までとなるため、有効期限が付けられている。期限が切れた際には、別のクレジットにより補填する義務がある。

tCERは、次期約束期間末ですべて失効するため、それまでに同量の京都クレジット（AAU、CER、ERU、RMUまたはtCER）で補填しなければならない。

炭素基金

Prototype Carbon Fund/PCF

世界銀行により2004年4月から運営されているCDMに関する市場形成促進のための基金。基金は政府や民間企業から出資を募り、発展途上国でのプロジェクトの開発を支援する。それらのプロジェクトによって創出されたクレジットを出資金を基に購入し、出資者に配当金の代わりに分配する。

炭素市場／カーボン・マーケット

Carbon Market

炭素（二酸化炭素）にクレジットといった形式で価格をつけて、その取引を行う市場（マーケット）。

現在、国際的に取引が行われている市場としてはEU-ETSがあるが、今後は世界全体で

炭素取引を行う国際炭素市場が創設される可能性もある。

中長期気候目標

Mid-Long Term Climate Objective

気候変動の影響が100年単位の長期にわたる問題であることを踏まえ、京都議定書の第一約束期間以降の排出量削減目標が議論されている。

中期とは、2020年目標、長期とは2050年目標を指すことが多い。

EUは2020年に1990年比30%削減、ドイツは40%削減などを掲げ、他の先進国に目標を持つようよびかけている。

長期的期限付きクレジット

Long-term CER/lCER

新規植林・再植林のCDMを通じて発行されたクレジットで、有効期限が長いもの。tCERは約束期間末に失効するが、lCERは約束期間ごとの失効はなく、クレジット期間の終了時に失効し、それまでに他のクレジット（AAU、CER、ERUまたはRMU）で補填しなければならない。

直接排出

直接排出は発電に伴うCO_2排出を直接排出しているエネルギー転換部門の排出として排出量を計上する。一方、間接排出はその電力を使うユーザー（企業や家庭など）に電力消費量に応じてCO_2排出量を割当てて計算する。

追加性

Additionality

CDM/JIのプロジェクトが認証を受けるための原則の一つで、プロジェクトなしに実現しなかったであろう資金、技術、環境面においての進歩、削減が、そのプロジェクトによってなされるのか否かという点。具体的には、排出抑制効果（環境追加性）や、ODA資金を利用していない点（資金的追加性）、CDMがなければその事業は実施されなかった点（事業の追加性）が主な追加性のポイントとされる。CDM/JI実施に関わらず元々予定されていた事業がCDM/JIとして承認されれば、本来削減しなければならないはずの削減量を削減せず、結果的に排出量が増加することとなり、CDM/JIの抜け穴となってしまうため重視されている。

低炭素社会

Low-carbon Society

CO_2の排出量を大幅に減らした産業・生活システムを構築した社会。

適応

Adaptation

気候変動により生じる悪影響の被害を軽減するための活動・取り組み。

例えば、海面上昇による土地の水没を防止するために堤防を建設する、台風やサイクロンの被害が最小限になるように、人工衛星によるデータの収集を基に早期警報を行う、高温により農作物の発育が悪くなる地域でより高温に耐性のある農作物に栽培種を変更する、といった活動などが挙げられる。

適応基金

Adaptation Fund

COP7で採択されたマラケシュ合意に基づき、新たに設立された3つの基金の1つで、京都議定書の下に作られた、適応のための基金。資金源はCDMからのCERの2％が当てられる。COP/MOP3（2007年）において、運営主体として「適応基金理事会」が設置され、事務局にGEF（地球環境ファシリティ）、受託機関として世界銀行が任命された。適応基金理事会は、適応プロジェクトの規準や優先順位、適切性の判断や、CDMからの課徴金の適応基金への移転などの責任を持つ。適応基金理事会構成メンバーは16名で、そのうち途上国メンバーが10名である。

投資国

Investment Country

クレジットを獲得する目的で、CDMやJIのプロジェクトに資金を投資する国。CDMでは先進国を指す。

土地利用、土地利用変化および林業

Land Use, Land Use Change and Forestry/LULUCF

京都議定書において温室効果ガスの吸収源として認められている活動の総称。

「植林」「森林管理」などを削減分に算入できる。

[ナ・ハ行]

認証排出量削減ユニット購入入札

Emission Reduction Unit Procurement Tender/ERUPT

京都メカニズムのJIの取組みで、オランダ政府による先行的に実施されているクレジット調達プログラム。オランダ政府がJIプロジェクトから発生するクレジット（ERU）を競争入札によって調達する。オランダは、京都ターゲットの約50%を国外における排出権の獲得でまかなうとしており、このプログラムはクレジット獲得を促進する目的で開始された。オランダ住宅・空間整備・環境省が担当となっており、これまでに、合計5回の入札が行われている。また、CDMプロジェクトから発生するクレジット（CER）を入札によって調達する制度は、CERUPTである。

バイオ炭素基金

Bio Carbon Fund/BioCF

世界銀行が設立したPCFのひとつ。発展途上国の森林保全や植林、持続可能な農林業の育成などの長期的・継続的なプロジェクトに対してCDMの仕組みを活用して資金協力を行う世界銀行が設立した基金。BioCFを通じて実施されるプロジェクトにより削減される温室効果ガス排出量は、排出権として出資比率に応じて出資者に分配される。

排出量取引制度

Emissions Trading/ET

排出主体が市場で排出量を取引する制度。排出量取引には、①国全体の排出量を調整するために政府が行う「国際排出量取引」と、②国内・域内企業などの間で行う「国内・域内排出量取引」の２つがある。京都メカニズムとしての排出量取引は①に相当し、排出削減目標を定められた先進国（附属書Ｉ国）間で、排出量の取引を行う。目標達成が見込めない国が、目標以上に削減を達成できると見込める他国から、排出枠を購入する。②は、国内・域内での温室効果ガス削減を目指す国内・域内制度のひとつ。

排出量算定報告公表制度

温室効果ガスを多量に排出する者（特定排出者）に、自らの温室効果ガスの排出量を算定し、国に報告することを義務付ける制度。地球温暖化対策の推進に関する法律に基づき、2006年４月１日から開始された。国は報告された情報を集計し、公表することになっており、2008年３月に2006年度分が公表され、鉄鋼業など一部の工場以外の約14000

事業所分が開示された。

バイラテラルCDM

Bilateral CDM

先進国と途上国が関与して、プロジェクトを形成するタイプのCDM。逆にCDMプロジェクトが途上国のみで行われるものをユニラテラルCDMと呼んでいる。

バウンダリー

Boundary

排出量の算定および報告を行うための境界。適切な境界の選択は、事業者の特性、温室効果ガス関連情報の利用目的およびユーザーのニーズによって決定される。

バリデーション／有効化審査

Validation

CDMプロジェクトが認可され、クレジットが発行されるまでに必要なプロセスのひとつ。指定運営組織（DOE）が、プロジェクト実施者の作成したプロジェクト設計書(PDD）の内容に基づいて、CDMとしての要件を満たしているかどうかの審査を行うことを指す。

バリデーター

Validater

バリデーションを実施する審査機関や審査員を指す。 具体的にはDOE（指定運営組織）のことを指す。

バリ・ロードマップ

Bali Roadmap

2013年以降（京都議定書第一約束期間終了後）の次期枠組みを決めるにあたっての、2009年までの交渉プロセスの行程表。2007年、インドネシア・バリ島で開催されたCOP13/CMP3で締約国の間で合意された。バリ・ロードマップでは、条約の下に全ての締約国が参加して2013年以降の枠組みを検討する作業部会が設けられ、2009年までに作業を終えることとしている。中国やインドといった途上国や、京都議定書から離脱した米国を含む全ての主要排出国が交渉の枠組みに入る。

バンカー・オイル

Bunker Oil

国際航空および外航海運のための燃料。

国土交通省によるとバンカーオイルの燃焼に伴うCO_2排出量は、世界全体の温室効果ガス排出量の約4％を占める。しかし各国に対する割当方法で合意がないため、現在のところ、バンカーオイルによる二酸化炭素排出は各国の温室効果ガス削減の対象から除外されている。

この問題は、気候変動枠組条約締約国会議をはじめ、国際民間航空機関（ICAO）および国際海事機関（IMO）において検討されており、日本も検討に参加している。

バンキング

Banking

気候変動枠組条約の附属書Ⅰ国が京都議定書に定める温室効果ガスの削減に関して、約束期間に削減目標を上回り削減した場合、その余剰分を次の約束期間の目標達成のために使える仕組み（京都議定書第3条13項に規定されている）。

ロシアや旧東欧諸国は、経済的な低迷により、削減努力を行わなくとも、排出量が目標を大幅に下回る（ホット・エアーが生じる）可能性があり、この余剰排出枠をバンキングすることができる。

福田ビジョン

Fukuda Vision

2008年6月、北海道洞爺湖サミット（同年7月）に向けた地球温暖化対策として、福田首相が発表。

主な内容としては、以下の3点が挙げられる。

・2050年までの長期目標として、排出量を現状比60～80％削減

・2009年のしかるべき時期に中期目標を発表する。ただし、示唆的な数字として、「2020年までの中期目標として2005年を基準年として排出量14％削減可能」という数字を示している

・2008年秋から、国内排出量取引制度の試行的実施を行なう

附属書Ⅰ国

Annex I Countries

気候変動枠組条約の附属書Ⅰに記載される国々。条約において温室効果ガスの排出量を

自国であるいは共同で2000年までに1990年レベルまで減少させる努力目標を課せられている。それ以外の国々を非附属書Ｉ国（Non Annex I Countries）と呼ぶ。京都メカニズムの議論の中では、附属書Ｉ国のことを「先進国」と言い換えることもある。京都議定書の「附属書B国（議定書において自国の温室効果ガス排出削減目標（数値目標）に同意した国で、議定書の付属書類である「附属書B」に記載されている国々。附属書Bには、個々の国々の温室効果ガスの排出削減数値目標も規定されている)」と重複している国が多いが、議定書の批准状況などによって、どちらか一方のみの対象となっている国もある。以下の国が該当する。

（※1）欧州経済共同体、日本、オーストリア、ベラルーシ、ベルギー、ブルガリア、チェコ、デンマーク、エストニア、フィンランド、フランス、ドイツ、ギリシャ、ハンガリー、アイスランド、アイルランド、イタリア、ラトヴィア、リトアニア、ルクセンブルグ、モナコ、オランダ、ノルウェー、ポーランド、ポルトガル、ルーマニア、ロシア、スロバキア、スロベニア、スペイン、スウェーデン、スイス、トルコ、ウクライナ、イギリス、オーストラリア、ニュージーランド、（※2）カナダ、（※3）アメリカ合衆国

※1. 気候変動枠組条約の締結主体は欧州経済共同体（Europian Economic Community）

※2. カナダは京都議定書で定められた削減目標（６％）の達成を断念している

※3. アメリカ合衆国は京都議定書を批准していない

附属書Ⅱ国

Annex II Countries

気候変動枠組条約の附属書Ⅱに記載される国々。途上国への資金援助、技術移転の義務を負う。主なOECD加盟国が締約国となっている。

＜締約国＞

オーストラリア、オーストリア、ベルギー、カナダ、デンマーク、欧州経済共同体、フィンランド、フランス、ドイツ、ギリシャ、アイスランド、アイルランド、イタリア、日本、ルクセンブルグ、オランダ、ニュージーランド、ノルウェー、ポルトガル、スペイン、スウェーデン、スイス、トルコ、イギリス、アメリカ合衆国

プログラムCDM

温室効果ガスの削減につながる制度（プログラム）を導入し、その普及を促進することによって、実際に温室効果ガスを削減するCDM。例えば、途上国の政府が製品の高効率化を義務付けたり、企業が途上国の工場で効率改善のための管理手法を導入することなどが、プログラムCDMとして挙げられる。

プロジェクト設計書

Project Design Document/PDD

CDMプロジェクトの事業概要や削減技術、削減量計算方法等をまとめた計画書。CDMプロジェクトを実施する事業者は、これをCDM理事会に提出しなければならない。

ベースライン・アンド・クレジット

Baseline and Credit

排出量取引の方式の一つ。追加的な排出削減対策がなされない場合の排出量を、「ベースライン（基準）」として設定。ベースラインに対し、温室効果ガス削減プロジェクトの実施により得られた削減分が売買可能なクレジットとして与えられる。CDM/JIはベースライン&クレジット方式に基づいている。

排出量取引には、ベース・ライン&クレジット方式の他に、キャップ&トレード方式もある。

ベリファイアー

Verifier

ベリフィケーション（検証）を実施する審査機関や審査員を指す。

ベリフィケーション／検証

Verification

CDMプロジェクトが認可され、クレジットが発行されるまでに必要なプロセスのひとつ。DOEがプロジェクト参加者のモニタリング結果について定期的に独立審査を行い、排出削減量を事後的に決定すること。

ベンチマーキング

Benchmarking

排出枠を割当てる方法のひとつ。生産物・技術・原単位に着目してベンチマーク（水準）を作り、それに基づいて排出量上限を事業者に無償配分する。「うまく策定できれば公平感が得られやすい」等の利点がある一方、「全産業について策定することは困難」等の欠点もある。

ホット・エアー

Hot Air

ロシアなど旧ソ連・東欧諸国のCO_2の排出量は、経済活動の低迷などにより、2005年時点で1990年から3割以上減少しており、第1約束期間である2008～2012年までに経済が回復しても、1990年の水準はかなり下回るとみられている。京都議定書で定められた温室効果ガスの削減目標に対し、大きな余剰が生じている。これらの余剰分をホット・エアーと呼ぶ。

英語のHot Airは、熱気、温風、暑気などのほか、くだらない話、ナンセンス、大言壮語、空手形などの意味を持つ。これらの国の余剰分は、自国の努力による削減量ではないため、「空手形」という意味を込めて揶揄され、定着していったという経緯がある。

この余剰分の排出枠が先進国に排出量取引を通じて売却され、先進国の実質的な排出削減を阻害することが懸念されている。

補完性原則

Supplementarity

CDMやJIから得られる排出枠は国内における排出削減に対して補助的なものであるべきという原則。国外からの排出枠に頼ってしまい、先進国各国の気候変動対策に怠りが生じるかもしれないという懸念から京都議定書に定められた。しかし、補完的であるか否かを決める具体的な数値については定められていない。

ホスト国

Host Country

CDMやJIにおいてプロジェクトを誘致する側の国を指す。CDMでは発展途上国を指す。CDMプロジェクトを誘致する、主催する側であるため、ホスト国と表現される。気候変動対策であるCDMやJIでは、ホスト国がプロジェクトを承認する権限をもっている。CDMやJIのプロジェクトに投資する国は投資国と呼ぶ。

ボローイング

Borrowing

温室効果ガス削減の数値目標を達成できない国が、次の約束期間の削減分の一部を前借りして達成したとみなすメカニズム。京都議定書では認められていない。なお、ボローイングとは逆のバンキング（温室効果ガス排出削減目標を超過達成した場合、超過分を次の約束期間の排出削減目標の一部に充当できる）は、京都議定書で認められている。

［マ・ヤ行］

マラケシュ合意

The Marrakesh Accords

2001年モロッコのマラケシュで開催された国連気候変動枠組み条約第7回締約国会議（COP7）で定められた京都議定書の運用ルール。その中では排出量取引、CDMをはじめとする京都メカニズムの内容や温室効果ガス削減目標量の割当量計算方法などが詳しく記載されている。

モニタリング方法論

Monitoring Methodologies

実施したCDMプロジェクトによって実際に削減された温室効果ガスの量を測るための方法論。それを基に実際の削減量を算出する。モニタリングに際して、既に承認された方法を使い、測ることができる。新しい方法論を使いたい場合は、CDM理事会の承認により可能となる。

ユニラテラルCDM

Unilateral CDM

先進国の政府または民間組織の関与がなく、発展途上国の事業者のみでプロジェクトを形成するタイプのCDM。ただし、ユニラテラルCDMから発行されたクレジットであっても、売買の時には先進国の承認が必要となる。

［ABC順］

AFOLU（農業、林業及び他の土地利用）

Agriculture, Forestry and Other Land Use/AFOLU

2006年に改正されたIPCC排出インベントリガイドラインにおける新しい排出区分で、農業とLUCF（土地利用変化及び林業）を統合した。

AIJプロジェクト

Activities Implemented Jointly/AIJ

共同実施（JI）の導入にあたってのパイロットフェーズとして、第１回締約国会議（COP1：1995年３月～４月、ベルリン）において、共同実施活動（AIJ）を実施することが決定された。

2000年までを期限として、共同実施（JI）の導入にあたっての具体的な知見や経験を積むことを主眼として実施するもので、プロジェクトの実施による温室効果ガスの削減効果はいずれの関係者にもクレジットされない。

CCS（CO_2回収・貯蔵）

Carbon Dioxide Capture and Storage/CCS

火力発電所や製鉄所などで大量に発生するCO_2を、大気に拡散する前に分離回収し、深さ1000メートル以上の地中などへ半恒久的に保管する技術。現状では漏洩防止措置やモニタリング技術などが定まらず、未完成の技術。また、現在の試算では、分離回収に多くのエネルギーがかかると想定されている。

CDM理事会

CDM Executive Board/CDM EB

CDMに関する実質的な管理・監督を実施する機関。締約国会議（COP）の下部機関。認証機関（AE/DOE）の認定・方法論の承認・CDM登録簿の整理などが主な審議事項となっている。理事会は2001年のCOP7（マラケシュ）に設立さた。

理事会のメンバーは合計10名で、それぞれ５つの各国連地域グループ（西欧その他地域、東欧地域、アフリカ地域、アジア地域、ラテンアメリカ・カリブ地域）の京都議定書締約国から５名、附属書Ｉ締約国から２名、非附属書Ｉ締約国から２名、小島開発途上国から１名選出される。2008年２月現在、日本人１名が附属書Ｉ締約国枠で選出されている。

CER

Certificated Emition Reduction/CER

CDMを通じて発行されたクレジット。

CERUPT

Certified Emission Reduction Unit Procurement Tender/CERUPT

オランダ政府がCDMプロジェクトから発生するクレジット（CER）を入札によって調達する制度。オランダは、京都議定書目標の約50%を国外における排出権の獲得でまかなうとしており、このプログラムはクレジット獲得を促進する目的で開始された。１回目の入札によって、５つのCDMプロジェクトについて契約が締結された。だが、それ以降、入札は行なわれていない。

EUアローワンス

EU Allowances/EUA

EU域内排出量取引制度において取引される排出枠（allowance）のことを指す。各対象施設は政府から所定の排出枠（allowance）を割り当てられる。1EUA＝1t CO_2。

ERU

Emmision Reduction Unit/ERU

JI/共同実施を通じて発行されたクレジット。

EU域内排出量取引制度

EU Emission Trading Scheme/EU ETS

EU加盟国内の１万以上のエネルギー多消費施設を対象にしたキャップ&トレード型の排出量取引制度。2005年１月１日に公式に開始された。各国は、国内割当計画（NAP）を作成し、これを欧州委員会に提出して承認を得る必要がある。承認後、各施設に対し排出枠（allowance）を交付する。その目標達成のためにCDM・JIからのクレジットを利用することを認めている。また、各施設同士で排出量の過不足の取引（トレード）を行なうことも可能。この制度が開始されたことにより欧州域内はクレジット購入により積極的になり、2006年は全世界における排出量取引金額の80%以上を占める規模となっている。第一期は試行期間と位置づけられ、京都議定書の対象期間である2008～2012年の第二期では目標を強化し、一部、オークションを導入した。2013年からの第三期では、さらなる目標強化がなされ、オークションを拡大する方向が示されている。

GWP（地球温暖化係数）

Global Warming Potential/GWP

二酸化炭素を基準にして、ほかの温室効果ガスがどれだけ温室効果を促進する力があるか表した数字。単位質量（例えば1kg）の温室効果ガスが大気中に放出されたときに、一定時間内（例えば100年）に地球に与える放射エネルギーの積算値（すなわち温暖化への影響）を、CO_2に対する比率として見積もったもの。

京都議定書は現在、IPCC第2次評価報告書のGWP値を用いている。それによると、100年間での計算で、二酸化炭素に比べメタンは21倍、一酸化二窒素は310倍、代替フロン類は数百〜数万倍とされている。

REDD

Reducing Emissions from Deforestation and Degradation in Developing Countries

途上国における森林減少・劣化の防止によるCO_2削減の取り組み。

森林の減少・劣化に伴って森林が固定していたCO_2が大気中に放出されて、大規模なCO_2排出源となっており、これらを防止する仕組みが議論されている。

2005年のCOP11において熱帯雨林連合をリードするパプアニューギニアとコスタリカが正式に提案を発表。2007年、バリで開催されたCOP13でも主要議題のひとつとなった。

森林減少の防止は京都議定書ではCDMとして認められておらず、削減量の確定の方法も定まらず、資金的な仕組みがない。京都議定書以降の枠組みでどのように取り入れられるかが注目されている。

RMU（除去単位）

Removal Unit/RMU

国内吸収源活動によるクレジット。

京都議定書第３条第３項、第４項に基づく吸収源活動による附属書Ｉ国のネット吸収量であって、京都議定書第８条の専門家チームのレビューで認められたものに相当するクレジットを、当該附属書Ｉ国が国別登録簿内に発行。

著者略歴（五〇音順）

明日香壽川（あすか　じゅせん）
東北大学東北アジア研究センター教授。一九五九年生まれ。欧州経営大学院（ＩＮＳＥＡＤ）修士課程修了（経営学修士）および東京大学大学院博士過程修了（学術博士）。電力中央研究所などを経て現職。環境省自主的排出量取引制度ＣＡ委員会委員長などをつとめている。

足立治郎（あだち　じろう）
ＮＧＯ『「環境・持続社会」研究センター』（ＪＡＣＳＥＳ）事務局長。一九六七年生まれ。東京大学教養学部教養学科卒。東レ株式会社（営業部、人事部）を経て現職。他に炭素税研究会コーディネーター、持続可能な発展のための日本評議会（ＪＣＳＤ）事務局次長、日本品質保証機構（ＪＱＡ）ＣＤＭ・ＪＩ諮問委員会委員、経済産業省地球温暖化対応のための経済的手法研究会委員、京都大学特任講師などをつとめている。

井筒沙美（いづつ　さみ）
ナットソース・ジャパン株式会社アドバイザリーユニット、リサーチャー。専門分野は排出量取引、ＣＤＭ、ＪＩ。東京大学大学院新領域創成科学研究課環境学専攻（現・環境学研究系国際協力学専攻）修士課程修了。卒業後、日揮株式会社においてＣＤＭ開発に携わり、二〇〇五年から現職。

黒坂三和子（くろさか　みわこ）
「持続可能な発展のための日本評議会（ＪＣＳＤ）」事務局長。「行動〝多様ないのちを還す〟」代表、世界資源研究所―日本サイト運営管理。詳細はこちらへ。　http://miwako-kurosaka.com/

田辺有輝（たなべ　ゆうき）
「環境・持続社会」研究センター（ＪＡＣＳＥＳ）の持続可能な開発と援助プログラム・コーディネーター。一九七九年生まれ、法政大学経済学部卒。ＮＧＯ Forum on ADB（本部：マニラ）の国際運営委員、国際青年環境ＮＧＯ・A SEED JAPANの理事も務めている。

西俣先子（にしまた　ひろこ）
経済学博士。現在、国学院大学大学院経済学研究科特別研究員、同大学非常勤講師、目白大学非常勤講師（環境マネジメント）、『「環境・持続社会」研究センター』（ＪＡＣＳＥＳ）客員研究員。主要著書、『第九巻　農業と環境』（『戦後日本の食料・農業・農村』全一七巻）（共著、農林統計協会、二〇〇五）、『千年持続学の構築』（共著、東信堂、二〇〇八）、ほか。

古沢広祐（ふるさわ　こうゆう）
国学院大学、経済学部教授。ＮＧＯ『「環境・持続社会」研究センター』（ＪＡＣＳＥＳ）代表理事。一九五〇年生まれ。大阪大学理学部生物学科卒、京都大学大学院農学部農学研究科課程修了・満期退学。農学博士。共生社会システム学会理事、エントロピー学会世話人、ＮＧＯ『国際協力ＮＧＯセンター』（ＪＡＮＩＣ）理事などを務める。

山岸尚之（やまぎし　なおゆき）
ＷＷＦジャパン・気候変動プログラムリーダー。一九七八年生まれ。立命館大学国際関係学部卒、米ボストン大学国際関係論・環境政策の共同修士号取得。ＷＷＦジャパンでは、排出量取引制度などの政策提言・キャンペーン活動に携わるほか、国連会議での情報収集・ロビー活動などを担当（主にメカニズム関連議論）。

編者紹介

「環境・持続社会」研究センター（JACSES）

幅広い市民と専門家の参加・協力の下、政策その他の調査研究、日本と海外の情報交換、これらに基づく情報サービスと政策提言活動を進め、持続可能な社会を創造することを目指す、独立・非営利の民間シンクタンク、ＮＧＯ、ＮＰＯ法人（特定非営利活動法人）。税財政改革、ＯＤＡ改革、貿易改革、持続可能な社会像の提示、国際会議のフォローアップなどを行う。

TEL:03-3556-7323　FAX:03-3556-7328

URL http://www.jacses.org

カーボン・マーケットとCDM

二〇〇九年四月二四日初版発行

編者――「環境・持続社会」研究センター（JACSES）

発行者――土井二郎

発行所――築地書館株式会社

東京都中央区築地七―四―四―二〇一　〒一〇四―〇〇四五

電話〇三―三五四二―三七三一　FAX〇三―三五四一―五七九九

振替〇〇一一〇―五―一九〇五七

ホームページ＝http://www.tsukiji-shokan.co.jp/

組版――ジャヌア3

印刷・製本――シナノ印刷株式会社

装丁――吉野　愛

 ISBN 978-4-8067-1382-1 C0036

くわしい内容はホームページで。URL=http://www.tsukiji-shokan.co.jp/

●関連書籍

◉総合図書目録進呈。ご請求は左記宛先まで。
〒一〇四—〇〇四五　東京都中央区築地七—四—四—二〇一　築地書館営業部
《価格（税別）・刷数は、二〇〇九年四月現在のものです。》

ビジネスの魅力を高める 自然エネルギー活用術

小さな会社、小さな町を元気にするステキな方法

中島恵理［著］　一八〇〇円＋税

事業も環境も地域も「持続可能なモデル」が一番！　自然エネルギーの「地域密着型ビジネス」を分析し、地域づくりと事業との共存のヒントを伝授する。

森林ビジネス革命

環境認証がひらく持続可能な未来

ジェンキンス＋スミス［著］
大田伊久雄＋梶原晃＋白石則彦［編訳］　四八〇〇円＋税

森林／木材認証制度に取り組み、市場のなかで利潤を上げている先進的なビジネス・ケーススタディを紹介。林業再生への示唆に富むリポート。

自然エネルギー市場

新しいエネルギー社会の姿

飯田哲也［編］　◉2刷　二八〇〇円＋税

自然エネルギー市場に携わる編者を含む一五名の第一線の専門家や研究者が書き下ろした。今後、日本でも「本流化」していく自然エネルギーの全貌と、最前線がわかる。

自然再生事業

生物多様性の回復をめざして

鷲谷いづみ＋草刈秀紀［編］　◉3刷　二八〇〇円＋税

失われた自然を取り戻すために「自然再生」とはどのようにあるべきか。日本のNGOが模索してきた事例や歴史とともに、第一線の研究者、フィールドワーカー、行政担当者がそれぞれの現場から詳述。